U0727531

形象

如何在不知不觉中改变你的人生

桑楚 主编

中国华侨出版社

北京

人的形象价值是无限的：你的穿着打扮显示着你的品味和爱好，你的言谈举止是个人修养的明证。而且，形象和性格有着密不可分的联系。形象改变了，你的性格也有可能会跟着改变。形象的变化有时候不仅会改变性格，甚至还会改变人生。

形象不只是外表，还是精神气质和个人修养由内到外的体现。天生拥有良好的外形当然是非常幸运的，然而，这却不能代表你的全部形象，良好的形象来自你自己的努力发掘，来自你的理智的分析，来自你的聪明的装扮和举止。

如果到了该改变生活的时候，那么就应该从改变形象开始：穿得一定要像个成功者；掌握良好的沟通和交流技巧；正确使用身体语言；注意在细节问题上保持形象……始终注重个人形象的培养和提升，终将与最好的一切相遇。

为了帮助现代人更好地塑造和提升个人形象，我们推出这本《形象：如何在不知不觉中改变你的人生》，全书图文并茂，分别从穿着服饰、仪容修饰、气质修养、交往礼仪、行为举止等方面阐述了提升个人形象的方法，指导和帮助广大读者塑造积极、诚信、友

善的整体形象，不断提升个人的精神面貌
和工作效率，从而找到属于自己的幸福。

　　好的形象代表的是一种高尚的品格，
它没有一劳永逸的终点和归宿，而是需要
我们用毕生的时间和经历去雕刻，去历练。
阅读本书，一定会帮助你塑造适合自己的
最佳形象，让你的形象增添你的信心和力
量，让你成为一个备受青睐的人，一个同
事喜欢、领导重视的人，让你不断挖掘自
身的资源，在人生的道路上纵横驰骋，让
你在追求成功的道路上无往不胜——让你
在不知不觉中改变自己的人生。

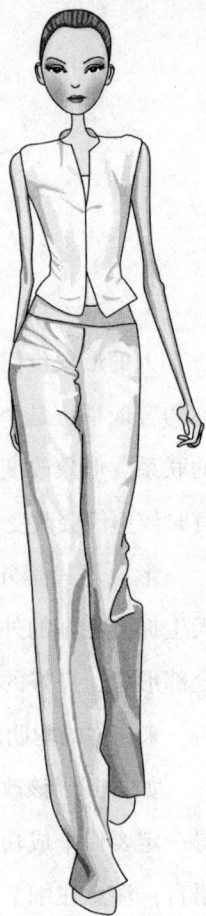

目录
CONTENTS

第二章 你穿的不只是衣服

第三章　魅力妆容，让你一直美下去～

第七章　一开口就能说服所有人才叫会沟通

第一章

形象影响你的人生

成功人生，赢在形象

好形象为你赢得完美人生

一天，大哲学家亚里士多德参加宴会，宴会开始时他穿了一件普普通通的衣服出席，主人不知道他是谁，反应十分冷淡。于是，亚里士多德马上出去，换了一件崭新的皮大衣，重新回到了宴会。主人的态度马上发生了变化，变得十分殷勤，他邀请的客人们也纷纷起来，过来向他敬酒。

亚里士多德眼见如此，马上脱下自己的大衣，拎着大衣说："喝酒吧，亲爱的大衣兄弟！"许多人都奇怪地看着他，亚里士多德说："你们不了解，我的大衣兄弟可是十分清楚，所有的礼节都是冲着他来的，他才是今天的客人。"

以貌取人的观念的确是不对的，这谁都知道。但是，实际交往中，我们还是不由自主地倾向于长相好的人——形象好的人往往大受欢迎。

目前商界谈判很注重对手的穿着打扮，看对方穿的什么牌子的西装、什么牌子的衬衫、什么牌子的皮鞋，系什么领带、什么

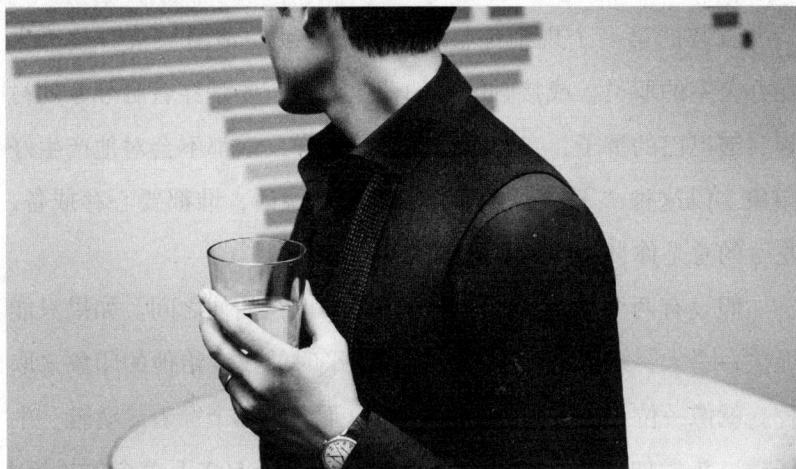

皮带，戴的是不是宝石戒指、是不是白金手表，以此来判断对方的财力。如果你穿得很不得体，对方可能就会对你失去信心，谈都不谈就打道回府了。

　　毕业于名校的小林一次次到外企面试，却一次次地以失败告终。直到最后一次，他与同班同学被某外企公司召去先后面试。他的同学全副"武装"，发型整齐、西装革履，手中提了个只放了几页纸的皮公文包，看起来已经俨然是成功者的姿态，而自己依然是那套"潇洒"的"盖茨"服，外加上"性格宣言"的黑布鞋。在他进入面试的会议室时，看到五六个人，他们全部是西装革履。看起来不但精明强干，而且气势压人。他那不修边幅的休闲装，显得如此与众不同、格格不入，巨大的压力和相形见绌的感觉使他"恨不能找个地缝钻进去"。他没有勇气再进行下去，最终放弃了面试的机会。

着装的第一个规则是整齐顺眼，也就是清清爽爽。整天坐在办公室的职员，或接触顾客的营业人员，要是穿着脏兮兮的衬衫、皱巴巴的裤子，一副精神散漫的模样，谁都不会对他产生好印象。以这种"不修边幅"的样子跟谁谈话，谁都要心存戒备，吃亏的总是你自己。

假设有两个部属，才华相等，效率也在伯仲之间。如果只能提拔一个人，老板最后可能会依他们平时的仪表给他的印象来取舍。就像一位投资商说的："我怎么也不会给那个穿着旅游鞋、牛仔裤，头发如同干草，说话结结巴巴的小子 500 万美金的投资，他的形象和个人素养都不能让我信服他是一个懂得如何处理商务的人。"

有时一个人的内在很专业，而外在却不够专业或者毫不在意，都会直接地影响到别人对他能力的肯定。因为一个衣着邋遢，穿衣都不合场合的人，实在难让人相信他会是一个有智能，对自己的专业领域能掌握，平时对环境变化有足够掌控能力的人。

好形象更能打动人心

美丽的外表既包括与生俱来的天生丽质、俊朗秀丽，也包括后天的衣着打扮。人们经常会下意识地把一些正面的品质加到外表漂亮的人身上，像聪明、善良、诚实、机智等。而当我们作出这些判断时，我们一点也没有觉察到外表在这个过程中所起到的作用。

1960 年，在尼克松与肯尼迪的竞选之争中，年轻、英俊、风流倜傥的肯尼迪浑身散发着领袖的魅力，他看起来坚定、自信、沉着。当他提出"不要问国家能为你做什么，问一问你能为国家做什么"的口号时，在以"自我"为中心的国度里激起了美国人民上下一片的爱国热潮。他不仅满足了美国人梦中理想的领袖形象，而且创立了领袖形象的最高标准。

1980 年与里根竞选总统的杜卡基斯，无论是外表还是声音，无论是演讲还是表演，在英俊、高大、富有感召力的里根的衬托下，越发显得"不像个领袖"，因而落选。而演员出身的里根用自己的微笑、声音、手势、服装，表现出一个具有迷人魅力的领袖形象。

一项对 1974 年加拿大联邦政府选举的研究发现，外表有吸引力的候选人得到的选票是外表没有吸引力的候选人的两倍多。

其实，从心理学的角度讲，人人都有向往美、追求美的心理。这种心理引导着大家积极地爱美、扮美、学美，因此，当反映在现实中，人们就会对美的人或事物有所青睐。社会心理学有这样一项试验：在对两组被试者分别加以修饰之后，使其中一组看起来风度翩翩，另一组则显得随便、邋遢，并令其分别在走路时违反交通规则。其结果是：第一组闯红灯时，尾随者占行人总数的 14%，而第二组的尾随者只占 4%。这说明人的服饰、穿着具有很强的感召力。

可见，外表是打动人心最直接的方式，一旦你的外表、穿着打扮给人留下深刻而良好的印象，许多契机就会自然而然地产生。

好形象是成功的关键

生活中，有人潇洒，人见人爱，有人却哀叹自己满腹才学，无人赏识；有人展现真我，活出精彩，也有人却怨苍天无眼，命运不济。为什么同样生活在这个社会中，却有着不同的境遇、不同的结果呢？

生活经验告诉我们，每个人都想追求完美的人生，但很少有人真正去注意自己在社会交往中的形象。这种形象不仅仅是仪容仪表的刻意修饰，更是温柔的性格、积极的心态、文雅的修养带给人的影响力。

一个注意形象并自觉保持好形象的人，总能在人群中得到信任，总能在逆境中得到帮助，也必定能在人生的旅途中不断找到发挥才干的机会，最终做到时刻用自己的风采魅力影响别人，活出真正精彩和成功的人生。

所以，好形象是人生的一种资本，充分利用它不仅能给你的日常生活添色加彩，更有助于提升你的影响力，助你走向成功。

形象是每个人向世界展示自我的窗口，向社会宣传自我的广告，向别人介绍自我的名片。别人从我们的形象中获取对我们的印象，而这个印象又影响着他们对我们的态度和行为。同时，每个人都在这个最基本的互动过程中追逐着自己人生的梦想，实现着生命的价值。良好的形象有助于增进人际关系，营造和谐气氛，从而有助于你的成功。

红顶商人胡雪岩有一次面临生意上的一个很大危机。他在上海新开张的商行遭到当地商人的联合排挤，不久就波及了大本营杭州。一些大客户生怕胡雪岩垮台，闻风而动，都准备中止和他的生意往来。

这天胡雪岩从上海回来了，他们悄悄躲在暗处观看，想看到胡雪岩灰头土脸的样子。结果他们失望了，他们看到的是衣着光鲜、精神抖擞的胡雪岩。他们还不放心，又跟踪胡雪岩到他的商行去。他们认为胡雪岩会暂停生意进行整顿。可是胡雪岩的商行不仅没有关闭，而且他还亲自坐镇，在柜台上悠然自得地喝起茶来。这一下子令他们糊涂了，一个人遭受这么大的打击，竟然还能够如此的镇定从容！最终，胡雪岩的气度征服了他们，他们又对胡雪岩恢复了信心。

其实，当时胡雪岩的处境已是山穷水尽，就是凭他那坚如磐石的好形象，才稳住了糟糕的局面。

有人说："形象是一个人的招牌，坏形象会毁了你的一生，而好形象会令你的影响力迅速提升。"这句话一点儿不错，如果我们能静下心来，认真地树立起自己的好形象，那就好比给自己的人生打造了一块"金字招牌"，能令你在风高浪险的生命历程中从容地经营和成就人生。

每个人都应该明白，好形象是成功人生的潜在资本，如果能够充分运用，将有助于你的成功。

良好形象为你带来好运

亚里士多德曾经说过："美丽是最好的自荐信。"良好的形象是磁石，可以把别人的眼光、信赖、好感、帮助吸引到你的身上来，让你建立自信潇洒的人际关系，同时，好的人际关系又更加促进你的好形象。

1962 年，在英国伦敦一个著名贵族举办的豪华宴会上，一名中年男子出尽了风头，他优雅的举止、迷人的言谈，不但令在场的所有女士都对他倾心，所有男士也都对他抱着极大的兴趣和好感。人们私下里纷纷相互打听，都想认识他，并和他成为朋友，而那位男子，在这次宴会上也收获颇丰，不仅签下了 40 多单生意，结交了很多朋友，还找到了他的终身伴侣。

这名男子就是英国著名的房地产新秀柯马·伊鲁斯。

他的妻子艾琳娜后来在自传中这样描述他们的第一次见面：

"很明显，他不是我心目中的男子形象，但是看到他俊朗的面孔、清澈的眼睛，听到他充满磁性的声音，我就怦然心动了，可关键不是这样，关键是他身上散发出的一些独特的、说不清的东西，这东西令我真正地心迷神醉……我对他一见钟情，决定要嫁给他。"

柯马·伊鲁斯的商业伙伴梅德也是在这次宴会上认识他的，他们后来终生合作，非常默契。梅德曾这样评价他："他身上散发着一种能够征服任何人的魔力。"

那次宴会是柯马·伊鲁斯第一次在英国上流社会的社交场露面，可是他一露面，就凭借他优秀的形象，征服了整个伦敦的上流社会，随后，金钱和好运向他滚滚涌来。可是在 12 年前，柯马·伊鲁斯就来过伦敦，并出席了一个由商会举办的小型聚会。但在那次聚会上，柯马·伊鲁斯不仅受到了几位女士的嘲弄，还被侍从当成鞋匠给赶了出来。愤怒的柯马·伊鲁斯一气之下离开了伦敦。那时的柯马·伊鲁斯还是个小人物，开了一家小水泥厂，整天勤奋地忙来忙去，根本无暇顾及自己的形象。为了扩大生意，他千方百计弄到了一张商行聚会的邀请信，想混进去多结交一些人。可一进入聚会大厅，就立即知道自己走错了地方。大厅装饰得金碧辉煌，男士们个个西装革履、彬彬有礼，女士们个个华服锦衣、优雅漂亮，柯马·伊鲁斯低头看看自己，一身满是补丁而且有着厚厚油渍的工作服、大胶鞋、乱发，与这里格格不入。这时几位女士过来了，故意将酒洒在他身上，并趾高

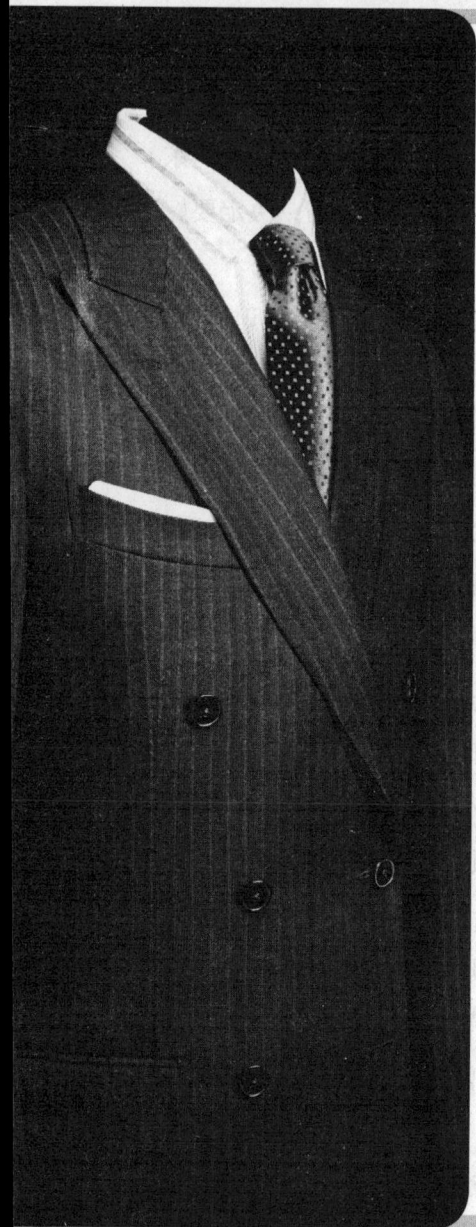

气扬地给他小费。侍从过来询问他，他讲明自己的身份，可是没人相信，而他拉一个认识他的人作证时，那个人不承认认识他，于是他被赶了出来。

生气过后，柯马·伊鲁斯开始考虑自己为什么会受到这种待遇。自然，凭他的头脑，一下子就想明白了。他回到家乡后的第一件事就是参加了一个礼仪培训班，并高薪聘请了私人形象顾问。

可见，美好的形象有助于增强人际间的吸引力，有助于拓展人际关系，有助于你事业的成功。美国汽车大王艾柯卡在总结自己的成功经验时认为："一个人要获得事业的成功，最重要的是与人相处的能力，而我检验一个人的这种能力的标准则是他的形象。"

人们在较短的时间内判断一个人，靠的不是背景材料，而是强烈的第一印象。而这个第一印象往往是在视觉器官与观察对象的外表形态相接触的一瞬间产生的。根据"晕轮效应"，一旦第一印象这种定式产生了，在一定时期内就很难改变。短暂的人际接触，有时会决定你的人际关系能否建立起来，决定你的某项事业或某种行为的成功与否，所以，形象这种无声的语言不可忽视，否则将会出乎意料地失败，甚至都不知道原因。

同样一件事情，为什么有的人完成得那么得体、那么圆满，而有的人却花费很大的力气，也总办不成？这里面虽然有偶然的因素，但也还有个必然的因素在起着重要作用，就是人们是否喜欢你、欢迎你，是否愿意帮助你，并与你合作。人们往往更乐意积极主动地甚至倾全力去帮助那些形象好的人。良好的形象能吸引更多的投资与帮助，这就像股市投资者常常投资那些看上去能涨的股。

由此可见，良好的形象是你吸引他人、建立人际关系必不可少的因素。整洁大方的衣着、得体的举止、高雅的气质、良好的精神面貌和真诚的谈吐，必定给对方留下深刻美好的印象，从而建立起友谊和信任关系，达到社交目标。同时，谁拥有更多的朋友，拥有良好的人际关系，谁的形象就具有更大的魅力，谁获得成功的机会也就更多。所以，我们每个人都应该树立形象意识，从一点一滴做起，逐步建立自己的好形象，并充分运用形象去开拓自己的人际关系，追求自己的成功。

形象可以为事业代言

日本著名企业家松下幸之助，在日记中曾记录了这样一件事：一次，他去理发时，理发师十分尖锐地批评他的仪容："你是公司的代表，却这样不注重仪容，别人会怎么想？连你都这么邋遢，你公司的产品还会好吗？"理发师还建议，为了公司的形象，松下应每次都专门到东京来理发。松下听了理发师的话，觉得很有道理，以后就非常重视自己的仪容，并要求所有松下的员工都这样做。

公司领导者或员工在各类社交活动中所展现出的形象，很容易使公众联想到他们所在公司的整体形象以及他们的产品质量如何，而他们所展现的良好形象又有助于企业发展壮大。

日常生活里，形象的重要性比我们想象中的还要重要，职场上也是如此。虽然衣着仅及于表面，但却影响深远，因为人们习惯以外观度人，纵使能力是最重要的，但言谈、举止及装扮也不可忽视。尤其是在竞争激烈、就业不景气的年代里，面对众多的求职者或员工，领导者根本还没来得及看出你的能力就得进行人事决策。这时候你所展现出来的整体感就成了决定性的因素，关乎你是否能被录取、被留任，甚至被提升。

一般说来，每家公司都会有自己的企业形象，因此对员工的穿着也会有些成文或不成文的规定。如果你想进入某家公司并长久地在公司待下去，那么就一定要了解公司的要求。

杰克马上要参加广告公司的一个面试，他想让自己看起来非常完美，于是穿上蓝灰色套装、笔挺的白衬衫，还不忘记配上传统的领带。然而，来到面试地点，他惊讶地发现办公室里的每一个人都穿着休闲时尚的衣服。杰克最终没有得到这份工作。

知道吗？你的穿着代表了你的观点，你的衣服无声地向大家说明了你是一个什么样的人，做过什么样的事。如果面试时的衣着不合适，人们就会有疑问：你是否了解这个公司？你是否适合这个公司？

对于企业家来说，要塑造形象，增强形象魅力首先要考虑的是给自己的形象定位，然后才能根据这些确定自己的形象，再加以系统的设计、修炼和宣传。

形象定位的核心是和谐，即企业家所确定的形象要与自己所扮演的角色、所处的环境相一致，要与企业形象相和谐，与自己的精神、气质相吻合。良好的形象是事业成功的一个重要因素。

不同的角色决定了自己所要塑造的形象也是不同的，每个人从事的工作的性质决定了衣着的正式程度。

约翰是一家公司的律师，他总是希望树立自己权威和能干的形象。和约翰一样，如果你的工作环境比较保守，那么你就应该穿得比较正式。在银行、保险等金融部门，一套很正式的服装是必需的，这样你的顾客才会信任你。做销售的罗杰斯每天都和客户打

交道，他总是很随意地穿着运动夹克和裤子，而当他需要拜访一些大公司的时候，就会换上西服，打上领带，十分得体地去见客户。在一家数据库公司上班的玛丽主要做一些技术性的工作，不经常见客户，所以总是穿一套工作休闲服，如套领毛衣、球衣再配上裤子。

女性由于职业不同，在社会上扮演的角色不同，因而对服装等有着特殊的要求。如果你是个女记者，你就免不了与各种人打交道。为了使采访、调查工作顺利进行，你就得想方设法创造轻松愉快的气氛，切忌给被访者以压力，影响采访工作。因此你的穿戴要使人感到和蔼可亲，让人愿意与你接近。

当一位45岁左右的女教师穿着色泽淡雅、质地柔软、式样简洁的服装时，常会被学生们看作是一个有权威的母亲形象。但如果年轻的女教师也如此穿着，却会造成难以驾驭的情况，她必须穿较严肃的服装才能使学生信服。总的说来，教师的服装以典雅朴素、线条流畅的款式为好，颜色可选蓝、淡绿、灰褐、骆驼黄、深红褐色等。用以上颜色搭配服装，效果较理想。女医生、女律师、女工程师、女会计师等不同职业的女性着装也有不同要求，所以，要注意结合职业特点来着装，以显示出女性的工作能力和气质风度。

想一想你所在的行业，你希望别人如何看你，你希望以后在这一领域要有怎样的发展；再看看那些职位比你高的人，他们是如何穿着的。如果你想升职，那么就为你的着装而行动吧。

保持好形象，成功机会多

好形象有时胜过好成绩

虽然人们经常说人不可貌相，认为从外表衡量人是多么肤浅和愚蠢的观念，但社会上的一些人却每时每刻根据你的服饰、发型、手势、声调、语言等自我表达方式来判断你。无论你愿意与否，你都会留给别人一个关于你形象的印象。

有多少人拿着高学历文凭却不得赏识？有多少优秀的人才一直在一个位置上停滞不前，是他们不努力，还是缺乏才智？都不是，而是他们没有从形象上展示出他们的潜力，他们的形象就让人相信："他不适合更高的位置！"人们总是相信，工作效率、能力、可靠性及勤奋工作是让他们有机会提升的重要条件，但并不是仅有这些条件，你就能在工作中被赏识、被提升。忽略了对整体形象的塑造，既得不到上司的注意，又得不到同事的承认。

有位公司经理曾说过这样一个故事：

有位女同事其实工作能力很强，与同事相处也都很融洽，唯一美中不足的一点是：她的形象实在有点邋遢，不喜欢化妆，也

似乎对自己的不修边幅毫不在意。那位女同事常常搞不懂为什么自己工作认真努力，升迁却总轮不到她？这位经理说："其实，旁观者都看得出来，这是因为她的形象实在很吃亏，而不是工作能力的问题，可是谁又能开口告诉她呢？每每遇上重要的事情欲让她接洽，却总会担心客户以貌取人，认为这是一家不注意形象、不专业、不敬业的公司，毕竟公司要注意自身的形象。"

有时一个人的内在很专业，而外在不够专业或者毫不在意，都会直接地影响到别人对你能力的肯定。因为一个衣着邋遢、穿衣都不分场合的人，实在难让人相信会是一个有智能、对自己的专业领域能掌握、平时对环境变化有足够掌控能力的人。

美国得克萨斯州立大学奥斯汀分校在对 2500 个律师进行调查后发现，形象甚至还影响着个人收入，外表形象有魅力的律师的收入高于其同事 14%。美国纽约州立大学管理学对《财富》排名前 1000 位的首席执行官进行调查，96% 的人认为形象在公司雇人方面是极为重要的，尤其是对那些要求可信度高的工作和与人打交道的工作，如市场、销售、金融、律师、会计等。

所以，良好的形象有时比你的文凭更重要，它决定了你给别人的第一印象，很大程度上也决定了你的成功与否。有的时候，良好的形象甚至比你的能力更重要，只有展示出一个与期待职位相符的形象，展现出一个可信、有潜力、值得信任的形象，你才能有更大的发展空间，上司和同事才能相信你适合更高的职位。

好形象能够推动成功

说到形象的重要性，很多人可能会说：一些成功人士的衣着非常随便，并不非常注重外表形象，但他们不是一样取得了巨大的成功吗？这难道不能说明形象对一个人并没有太大的影响吗？但是对于企业的领导者和管理者，以及那些在传统和保守的行业中工作的人们，如银行、保险、金融、会计、律师业等，或者那些从事企业的市场、销售等与社会群体、个体接触的工作者，还是应该精心地设计自己的形象。

无论是哪个行业的精英，都要有良好的形象，匹配其在公众眼中的最优印象。时代精英都有沉着、自信、坚强的形象，有成竹在胸、驾驭市场的大家风范，同时还有其所在行业的特点。无论发型、妆容、服饰都要突出这种风度，突出这种发自你身上的无声的信息。人们从这里不仅能读到你个人的风貌和你的自信，更能读出你的企业的发展状况。

　　1991年，比尔·盖茨将要在拉斯维加斯发表演讲。但是，演讲并不是比尔·盖茨的强项。为了使自己以更好的形象出场，比尔·盖茨专门请来了演讲博士杰里·韦斯曼为自己的演讲进行指导。韦斯曼在演讲辅导方面是一位专家，经验非常丰富，曾经帮助几个电脑公司的高层经理克服了对演讲的恐惧感。他对比尔·盖茨的演讲词到手势、表情都进行了重新设计，他们在一起排练了12个小时。比尔·盖茨演讲时，熟悉比尔·盖茨的人都非常吃惊，只见比尔·盖茨一改往日随意的形象，穿了一套昂贵的黑西服。他那尖锐的嗓音虽然无法改变，但丝毫没有影响到他的演讲。结果，这场主题为"信息在你的指尖上"的演讲传遍美国，获得了巨大成功，比尔·盖茨的全新形象也给人们留下了深刻印象。

　　即使成功如比尔·盖茨，也依然要注意个人形象。可见，得体的形象可能会对你的成功起到推动作用。

保持好形象，成功机会多

　　张先生是一家企业的董事长兼总经理，因为工作忙碌，他总没时间注意自己的穿着。一次，因为外商来得匆忙，张先生没来得及换衬衣，衬衣的领口部分不太干净，有点花哨的领带也没有系正，领带、衬衣与西服的样式搭配也不和谐。他喜欢把一些零碎的东西装在上衣或裤子口袋里，弄得鼓鼓囊囊，裤子的裤线也不明显，鞋面上落有灰尘和水渍。

外商是法国巴黎某公司的总经理，他的穿着整洁、高雅，恰到好处地衬出他的风度和气质。当张先生和外商在会议室见面时，这个法国人望着张先生的服饰，脸上露出一丝惊诧。虽然翻译小姐解释说，因为经理特别注重效益，刚从车间出来，来不及换服装。但在后来的谈判过程中，外商仍毫不客气地说："我对贵公司的经营实力表示怀疑，一个企业的总裁是企业的代表，然而，您的衣着却给人一种陈旧、落后的感觉。在我们看来，没时间从来都不是一种借口。从这一点上我可以推断这个企业不太注重产品的形象设计。"张先生听了这一番话，顿感羞惭，没想到由于自己的衣着疏忽，耽误了一笔大生意。

我们时常可以听到这样的抱怨："工作太忙，我哪儿还有时间注意自己的形象啊！""不是我不想有好形象，实在是因为没时间啊！"很多人会认为工作是第一位的，只要工作做好了，一切就都好了。殊不知，这样做会带来不少问题。

邋遢的形象会给别人造成做事不认真、三心二意、拖泥带水的错觉，很难让人产生信任感。张先生就因为自己的形象失去了机会。一个成功者的形象，展现在他人面前的应该是自信而有尊严、有能力的。它不仅仅反映在别人的视觉效果中，同时也是对自己的一种激励和鞭策。它让你对自己的言谈举止、行为方式等有了更高的要求，对自己的内在素质也有了更多的要求。那些以忙为借口而不注意自身形象的人只会让自己失去更多。

　　一个人有没有良好的形象，形象有没有魅力，已经成为社交活动中是否占有优势、能否取得主动的一个重要因素。形象是很重要的，特别是当你希望别人在同你接触的最初几分钟就愿意接受你时，形象对于你来说就越发重要。形象佳者容易被人们所接纳、所喜欢；形象不佳者则常常遭到冷遇。形象佳者每每能化险为夷，拥有机遇；形象不佳者则往往举步维艰，困难重重。成功者想要保持优势，需注意良好的形象；失意者要想摆脱困境，也往往从调整心态、重塑形象着手。

　　所以，保持一个光彩照人的好形象，让好形象融入我们的人生，让好形象帮助我们建立人生的自信，融洽我们的人际关系，我们就可能拥有成功的人生。

热情的形象影响人生际遇

巴尔扎克曾经这样赞誉热忱："热忱是普遍的人性。没有了热忱，便没有宗教、历史、浪漫和艺术。"热忱一旦充于心胸，人便会有百倍于身体的力量投入到人生的演出中。它可以使最愚蠢的人变得聪明起来。正如泰戈尔所说："热忱，是鼓满船帆的风。风有时会把船帆吹断，但没有风，帆船就不能航行。"所以，如果你想掌控好人生这条船，就要懂得享受热忱的海风，点燃热忱的心灯，用热忱引领你的人生到达彼岸；而如果你想拥有强大影响力、成为引航者，那就将热忱传递给途中的朋友们，让大家都登上人生更高的阶梯。

塞克斯是美国马萨诸塞州詹森公司的一位推销员，凭着高超的推销技艺，他叩开了无数经销商的大门。

一次他路过一家商场，进门后先向店员作了问候，然后就与他们聊起天来。通过闲聊，他了解到这家商场有许多不错的条件，于是想将自己的产品推销给他们，但却遭到了商场经理的严厉拒绝。经理直言不讳地说："如果进了你们的货，我们是会亏损的。"塞克斯岂肯罢休，他动用了各种本领试图说服经理，但磨破嘴皮都无济于事，最后只好十分沮丧地离开了。他驾着车在街上溜达了几圈后决定再去商场。当他重新走到商场门口时，商场经理竟满面堆笑地迎上前，不等他辩说，经理马上决定订购一批产品。

这一出乎意料的结局使塞克斯莫名惊诧，在他的一再追问下，最后商场经理道出了缘由。他告诉塞克斯，一般的推销员到商场来很少与营业员聊天，而塞克斯首先与营业员聊天，并且聊得那么融洽；同时，塞克斯是第一位被他拒绝后又重新回到商场来的推销员，他的热情感动了经理，因此也征服了经理，对于这样的推销员，谁能忍心拒绝呢？

工作中，我们要想获得更多的机遇，脱颖而出，必须时刻保持对工作的热情。只有当这种热情发自内心，又表现成为一种强大的精神力量时，才能征服自身与环境，创造出越来越好的工作业绩，使你在激烈的竞争中立于不败之地。热情就如同生命。凭借热情，我们可以释放出潜在的巨大能量，发展出一种坚强的个性；凭借热情，我们可以把枯燥乏味的工作变得生动有趣，使自己的形象充满活力。历史上许多巨变和奇迹，不论是社会、经济、哲学或是艺术的研究和发展，都是因为参与者100%的热情才得以进行。只有这样你才会懂得，原来每天平凡的生活竟然是如此充实和美好。

少数人的热情产生于与生俱来的信念，但对于绝大多数的普通人来说，热情的潜力则通过后天的培养而产生。充满热情的人，他们的热情并不在于专挑自己喜欢的事情做，而在于发自内心地喜欢自己所做的工作。

美国通用食品公司总裁弗朗克说："你可以买到一个人的时间，也可以买到一个人到指定的工作岗位，还可以买到按时计算的技术操作，但你买不到热情，而你又不得不去争取这些。"热情是驱使人们永远向上的动力。凭借着热情产生的巨大能量，我们的形象和人生都会变得绚丽多彩。

不服输的形象会打动命运之神

1796 年的一天，德国哥廷根大学，一个很有数学天赋的 19 岁青年吃完晚饭，开始做导师单独布置给他的每天例行的 3 道数学题。前两道题他在两个小时内就顺利完成了。第三道题写在另一张小字条上，要求只用圆规和一把没有刻度的直尺，画出一个正 17 边形。时间一分一秒地过去了，第三道题竟然毫无进展。这位青年绞尽脑汁，但他发现，自己学过的所有数学知识似乎对解开这道题都没有任何帮助。困难激起了他的斗志：我一定要把它做出来！他拿起圆规和直尺，一边思索一边在纸上不停地画着，尝试着用一些超常规的思路去寻求答案。当窗口露出曙光时，青年长舒了一口气，他终于完成了这道难题。见到导师时，青年有些内疚和自责。他对导师说："您给我布置的第三道题，我竟然做了整整一个通宵，我辜负了您对我的栽培！"

导师接过学生的作业一看，当即惊呆了。他用颤抖的声音对青年说："这是你自己做出来的吗？"青年有些疑惑地看着导师，回答道："是我做的。但是，我花了整整一个通宵。"导师让他坐下，取出圆规和直尺，在书桌上铺开纸。让他当着自己的面再做出一个正 17 边形。青年很快做出了一个正 17 边形。导师激动地对他说："你知不知道，你解开了一桩有 2000 多年历史的数学悬案！阿基米德没有解决，牛顿也没有解决，你竟然一个晚上就解出来了，你是一个真正的天才！"

原来，导师也一直想解开这道难题。那天，他是因为失误，才将写有这道题目的纸条交给了学生。这个青年就是数学王子高斯。

阿里巴巴的马云曾说："创业者成功要具备三大素质：实力、眼光、胸怀，而一次又一次的失败，就是实力。"因此我们不要惧怕失败和挫折，挫折是一个人人格的试金石，在一个人输得只剩下生命时，潜在心灵的力量还有几何？没有勇气，没有不服输的精神，自认挫败的人的答案是零，只有无所畏惧、一往无前、坚持不懈的人，才会在失败中崛起，奏出人生的华章。

世界上有无数人，尽管失去了拥有的全部资产，然而他们并不是失败者，他们依旧有着不可屈服的意志，有着不服输的精神，凭借这种精神，他们依旧能成功。真正的伟人面对种种成败时从不介意，所谓"不以物喜，不以己悲"。无论遇到多么大的失望，绝不失去镇静，绝不会服输，只有这样的人才能获得最后的胜利。正如温特·菲力所说："失败，是走上更高地位的开始。"

许多人之所以获得最后的胜利，只是受恩于他们的屡败屡战。事实上，只有失败才能给勇敢者以果断和决心。并且，在失败过后，他们用自己不服输的精神，顽强地拼搏和奋斗，终于为自己赢得了成功。这样的人永远给人以自信、不服输的形象，拥有强大的自信气场，也永远不会被打败。

好形象让你脱颖而出

真诚的形象帮你构建良好的人际关系

诚信是一个人的美德，有了"诚信"二字，一个人就会表现出坦荡从容的气度，焕发出人格的光彩。自古以来，诚实守信就是一种永恒的人性之美。可以说，诚信的品格是获得成功人生的第一要素，历来被伟人们所尊崇。诚实守信不仅是一种美德，而且是构筑人脉和拓展人脉的一个基本要求。试想，如果一个人经常出尔反尔，你还愿意跟这样的人交往吗？

下面这个事例中，主人公的成功均是因为自身守信而赢得的，值得我们品味。

20 年前，弗朗西斯开了一家小小的印刷厂。今天，弗朗西斯已经非常富有，并且有一个美满的家庭，还拥有一家很大的印刷公司。他在同行之间很受敬重，最重要的一点原因是他恪守诚信。

一个星期六的下午，他跟朋友一起去钓鱼，当友人问起他的成功之道时，弗朗西斯很谦虚地说："我生长在一个很保守的家庭，每个礼拜天全家都要去做礼拜，然后回家吃饭，听父亲为我们解说《圣经》上的故事。

"父亲很通俗地为我们讲解牧师所说的每一个道理，用很多生活上的实例来说明。从父亲的谈话中可以看出，父亲非常强调守信用的重要性。言行要一致，是父亲最常说的话。

"我上大学时家境不好，所以我就到一家印刷厂去打杂，从清扫房间到送货，什么事都干过。6 年的大学生活，我都是在半工半读的情况下度过的。毕业时，我决定开一家印刷厂，当时我身边的 2000 美元足够我开业。虽然我的厂子是在很偏僻的郊外，但是从创业初期，我就一直遵循父亲所给予我的教诲。我将父亲的话应用到实际生活中，对每位顾客都坚守信用——这是忠诚于他们最根本的方式。

"如果成品不够精美，我就免费重做一次（直至今日，弗朗西斯还信守这个原则）。此外，我交货也很准时，即使有时连续两三天没睡，我还是信守承诺。就这样，我开始赚钱了，并在 3 年后拓展了我的事业，使我有能力购置更大的厂房和复杂的设备。但就在这时，我遇到了考验。有一个周末，一场大火把我的厂子燃烧殆尽。保险公司只负责一半的损失，此时我负债累累。我的律师、会计师和主办都劝我宣告破产，但我没有这样做，因为我要勇敢地面对我的问题。那时实在是不容易，但是我还是偿清了所欠的债务，并且重新开始。由于我的承诺，赢得了所有债权人和厂商的信赖。

"他们简直不敢相信，我真的偿还了所有的债务。从那次火灾以后，我的事业一帆风顺。过去的 5 年间，我的业务增长率高

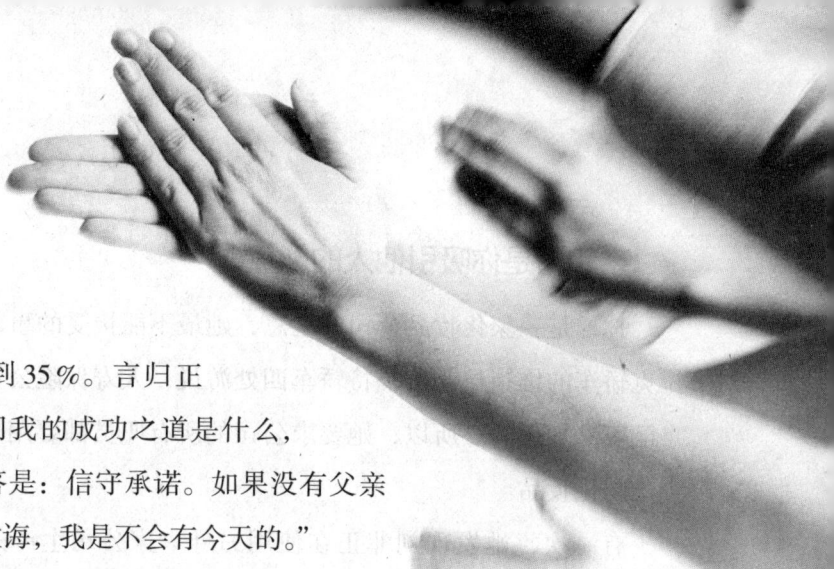

达25％到35％。言归正
传，你问我的成功之道是什么，
我的回答是：信守承诺。如果没有父亲
昔日的教诲，我是不会有今天的。"

李嘉诚先生曾经总结道："做事先做人，一个人无论
成就多大的事业，人品永远是第一位的，而人品的要素就是诚
信。"因为诚信是一种长期投资，唯有长期遵守诚信的原则，才
能建立和维护你的信誉、品牌和忠诚度，也才有可能得到可持续
的成功。

很多人把信誉看得非常重要，视它为自己成功必不可少的一
个因素，这是正确的。不讲求信誉，不仅会给别人造成损失，同
时也会使你失去很多东西，使人们都逐渐地远离你。有的人在人
际交往过程中，凭借一两次蒙骗而使自己的阴谋得逞，但这种伎
俩绝对不可能长远。俗话说，"群众的眼睛是雪亮的"，这种蒙骗
一时的行为迟早会被人们发现。如果你是一个不讲信誉的人，只
要有一个人知道，用不了多长时间，所有的人就都会知道，那时候，
你就会陷入一种非常难堪的境地中，没有谁会主动来和你交往，甚
至还会故意冷落你、躲避你。这样，无论你办什么事情，走到哪
里，四面八方都会是厚厚的一堵墙，更别希望别人帮你办事了。

亲和力是你吸引他人的能量

林瑶是一家化妆品公司的老总，她最不能接受的事就是凯迪拉克轿车的推销员开着福特轿车四处游说，人寿保险公司的经理自己不参加保险。所以，她要求公司的所有职员都要用自己公司生产的化妆品。

有一次，她发现刘菲正在使用另外一家公司生产的粉盒及唇膏，看到老板出现，刘菲吓得赶紧收了起来。林瑶走到刘菲桌旁，微笑地说道："老天爷，你在干吗？你不会是在公司里使用别的公司的产品吧？"她的口气十分轻松，脸上洋溢着微笑。刘菲的脸微微地红了，不敢吱声，心想这下该挨批了，但是，林瑶并没有发火，什么都没说就走开了。

第二天，林瑶送给刘菲一套公司的化妆及护肤产品并对她说："如果在使用过程中觉得有什么不适，欢迎你及时地告诉我。"

后来，公司所有的新老员工都有了一整套本公司生产的适合自己的化妆品和护肤品。林瑶亲自做了详细的示范。她还告诉员工，以后员工在购买公司的化妆品时可以打折。

林瑶亲和的态度、友善的口语表达，使她自然地与员工打成一片，成功地灌输了她正确的经营理念，也使公司的生意越来越好。

亲和力易于消除人与人之间的隔膜，进而使传达者有效地把自己的思想传递给被传达者。同时也让他人喜欢你、爱戴你，就如上面例子里的林瑶一样。无论在生活还是工作中，相比起骄傲冷漠的人，那些亲切随和的人总是更受欢迎，美貌固然值得欣赏，但亲和力更得人心。拥有亲和力的人，脸上总是挂着微笑，见面时会主动和别人打招呼，与人谈话也总是用友善的口吻，从不讥讽、冷落别人，他们宽容随和，相处起来让人备感温暖。

　　人们总是喜爱与谦和、温良的人交往，而不会心甘情愿地将自己置于一个威严的人之下。如何具有令人着迷的亲和力？这是芸芸众生所共同追求的一个目标。对此，只有一个关键点，那就是对别人要有发自内心的兴趣。社会上有许许多多的人，明显缺乏的便是这种对人的兴趣。其原因，大多是他们在应酬人际关系的人生舞台上既不具备天生的人格魅力，又不去努力。我们应当建立起对别人真诚的兴趣，明白我们应该怎么做、不能做什么，友好地与人相处，就能发挥我们健全人格的威力，成为具有魅力的赢家。

热情不过度，关系才稳固

　　做什么事情都不可能一蹴而就，经营关系、建立人脉也是如此，即使是同性朋友之间，也不要"热情过度"，让别人消受不起。保持不过度的热情、持续的接触，这样拓展出来的人际关系才是稳固可靠的。

　　拓展人际关系是社交场上的必然行为，但在社会上，有一些法则还是必须注意，才能达到预期的效果，而不致弄巧成拙。这个法则为"一回生，二回半生不熟，三回才全熟"，而不是"一回生，二回熟"。"一回生二回熟"还太快了些，"一回生，三回熟"则是渐进的。

每个人都有戒心，这是很自然的反应，一回生，二回就要"熟"，对方对你采取的绝对是"关上大门"的自卫姿态，甚至认为你居心不良，因而拒绝你的接近。名人、富有或有权势之人，更是如此。

每个人都有"自我"，你若一回生，二回就要"熟"，必定会采取积极主动的态度，以求尽快接近对方。也许对方会很快感受到你的热情，而给你热情的回应，可是大部分人都会有自我受到压迫的感觉，因为他还没准备好和你"熟"，他只是痛苦地应付你罢了，很可能第三次就拒绝和你碰面了。

如果对方是异性，你的过度热情可能会导致对方的误会，如果他并无此意，必然故意疏远回避你，再想联络就很难了；而如果对方正有此意，而你的本意只是想和他做普通朋友，岂不是更加尴尬。

由于你急于接近对方，所以很容易在不了解对方的情形下，以自己作为话题，以此来持续两人交谈的热度，这无疑是暴露自己，若对方不是善类，你岂不是自投罗网吗？

在现代社会生存发展，的确需要拓展人际关系，但这是需要时间的。"小火慢炖"出来的友谊才能醇香持久。

会穿的人运气都不会太坏

第二章

你穿的不只是衣服

会穿的人运气都不会太坏

"以貌取人"是人类的本性

孔子有一个弟子叫澹台灭明，字子羽，长得很难看，而且不注重自己的衣着。孔子据此认定他资质低下，不会成才。但是子羽学习很努力，遵循孔子的教导致力于修身实践。后来，他游历到长江时，赢得了很高的声誉，有300多弟子追随他，各国诸侯都在传颂他的美名。孔子听说了这件事后感慨地说："以貌取人，失之子羽。""以貌取人"的说法就是这么来的，意思是说根据外貌来判断一个人品质的好坏，往往会判断错误。虽然大家都知道这是片面的，但是不可否认大部分人都在这么做。

以貌取人的"貌"包含两部分的内容：一方面指仪表，包括长相和身材；另一方面指着装，包括衣服和配饰。实际上仪表和着装是密不可分的，漂亮的仪表是由大方、得体的着装烘托出来的。俗话说"三分长相，七分打扮"，得体的着装可以让一个长相一般的人看起来仪表堂堂，而一个貌比潘安的美男子，如果穿得破破烂烂也不会给人留下好印象。因此一个人外貌的美丑很大程度上会受到着装的影响。很多时候，人们就是根据一个人的着装打扮来衡量一个人的水平。

"以貌取人"是个普遍现象，不仅中国如此，在国外，人们同样会根据一个人的穿着对这个人做出评价。美国布兰代斯大学心理学女教授吉布维丝指出，以貌取人是人类从进化过程中得来的本能，来源于人们爱美的社会心理。人们习惯于把穿着漂亮的人与才华出众、品位高雅、真诚善良，甚至健康、乐观、积极向上等优秀品质联系起来。反之亦然。因此，当两个人同时出现在我们面前时，我们很容易对着装有品位的人产生好感。貌美之人甚至更容易得到他人的好感和帮助，更容易获得成功。

其实"以貌取人"是有一定的道理的，因为刚开始与一个人接触时，我们无从了解他更多的信息，只能根据他的仪表、着装来判断他是个什么样的人。正如马克·吐温在小说《百万英镑》中所描写的，就算你身揣一张百万英镑的支票，但你衣衫褴褛，不管你是到大商场还是去星级酒店，都没有人会理睬你，原因很简单——你看起来不像有钱人。通过着装来判断一个人的经济条件，不失为一个简单而有效的方法。

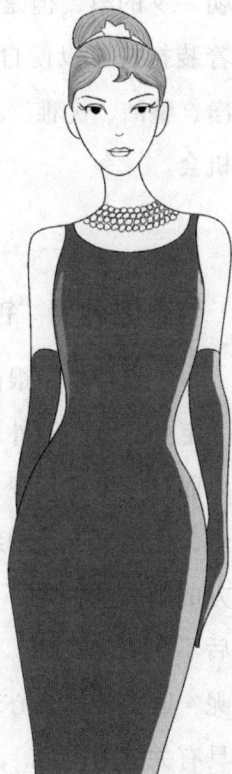

"以貌取人"从来不是一个褒义词，但是只要细心观察一下我们的周围，就会发现这是一个普遍存在的现象。从男女双方择偶到公司招聘职员，甚至选民给政治家投票，在很大程度上都是"以貌取人"。事实上，从古至今"以貌取人"都是一个不曾改变的法则。

　　既然知道"以貌取人"是人类的本性，为什么不迎合这种习惯从而为自己的成功之路提供便利呢？修养和气质的培养不是一朝一夕的事，但是我们可以很快改变自己的衣着打扮，合理的着装打扮可以使自己看上去更精神、更体面，让别人通过你干净、整洁、优雅、高贵的着装对你产生信任感，从而得到更多的机会。

一见钟情"钟"外表

　　一见钟情是很浪漫的事，但是必须有一个前提，即男女主角一定要有漂亮的外表，否则很难实现一见钟情。尽管内在的美可以而且应该被发现，但是"一见"之下太仓促。如果对方仪表堂堂，你还来不及细细考察对方是否善良、是否有才能就已经被对方的外表所倾倒了；相反，如果对方衣装不整，看了第一眼之后不想看第二眼，远远躲开还怕来不及，怎么可能会一见钟情呢？国内外社会心理学家的实验证实，对方的美貌在一见钟情中具有关键的作用，人们经常想当然地赋予外表漂亮的人更多优秀的品质。

不管嘴上怎么说，其实每个人心目中的白马王子或白雪公主都应该是至善至美的，因此见到的那个人至少要外表漂亮才能符合心中的标准，才会有一见钟情的可能。《红楼梦》中的林黛玉和贾宝玉是一见钟情。贾宝玉看到林妹妹"如姣花照水"，"似弱柳扶风"，顿时觉得好像以前在哪儿见过。而黛玉眼中的宝玉则是"鬓若刀裁，眉如墨画，面若桃瓣，目若秋波"，"戴着紫金冠，勒着金抹额，穿着大红箭袖，蹬着小朝靴的年轻公子"，若不是"看其外貌，最是极好"也不用为他愁肠郁结乃至送了性命。试想，如果贾宝玉是个穿着下人衣服，脏兮兮的小厮，孤傲的林黛玉恐怕看都不会正眼看他；而若林黛玉相貌丑陋，举止粗俗，再穿上刘姥姥的行头，贾宝玉恐怕也要敬而远之了。

莎翁笔下的《罗密欧与朱丽叶》同样是一见钟情的典范。可是在罗密欧见到朱丽叶之前他还在为一个叫罗瑟琳的美丽女子沉迷，看到朱丽叶之后觉得"火炬远不及她的明亮；她皎然悬在暮天的颊上，像黑奴耳边璀璨的珠环；她是天上明珠降落人间"。于是立刻否定了比不上朱丽叶美貌的前任恋人，得出"以前的恋爱是假非真，今天才遇到绝世的佳人"的结论。可见所谓"一见钟情"完全是建立在美丽的外表基础上的。如果朱丽叶不如罗瑟琳漂亮，那么罗密欧的爱情史就要改写了。

文学作品中的一见钟情都是以美丽外表为前提的，现实生活中同样如此。比如我们经常看到有人为了相亲精心地挑选服装，细致地打扮自己，为的就是给别人留下一个好印象。因为所有美好的感觉和遐想也许都是看到对方第一眼时所引起的，而第一眼能看到的就是你的着装。

要想在爱情上取得成功，一定要在着装打扮上下功夫，首先在外貌上赢得异性的好感，才有进一步发展的可能。女性要根据自身的特点找到适合自己的着装风格，只有灵活掌握了着装之道，善于通过衣着展现自己的女性魅力，才更容易赢得异性的青睐。现在虽然不再是传统意义上的"女为悦己者容"的时代，但是你同样需要把最美丽的一面展现出来，才更可能得到异性的认可。男性则要穿出男人的气概和风度，用你的衣着证明你事业有成、稳重、可以信赖。即便不是对穿衣之道特别精通，至少应该穿得大方、体面。

多数企业"以貌取人"

如果你认为真正知才善用的企业不会以外表衡量人的能力，那你就错了。多数企业在招聘员工时，都会根据应聘者的着装决定是否录用。有人曾对《财富》排行榜前300名的公司总裁进行调查，结果有93%的人会因为应聘者不得体的穿着而拒绝录用。

一个看中自己声誉和形象的企业应该而且必须注重员工的形象。进入世界500强的企业每年要花费亿万资金维护自己的形象。作为最有价值的无形资产，企业形象是通过企业员工的形象直接反映出来的。优秀的员工形象比广告中的美女俊男更能代表公司的形象和企业文化，而且更有说服力；而糟糕的员工形象会严重损害公司的形象，毁坏公司在客户中的声誉，最终会影响公司的利润。许多公司把员工的着装作为重要素质进行考核，因为客户会根据员工的穿着判断公司的可信度和产品的质量。客户会根据销售员衣着的专业化程度判断这个公司是否可信、在行业中是不是处于领先地位、是否有优秀的企业文化、是否能够长久存在并且不断壮大等。如果客户见到的销售人员都是穿着随便、不注重自己形象的人，他们自然会对以上问题做出否定的回答，然后放弃与这家公司的合作，转而购买其他公司的产品。即使这个企业有几十亿资产，如果它的员工个个有失体面，也没有人会相信它的产品。一家中型的装饰服务公司在员工着装规则中写道："无论你是否与客户直接接触，都要时刻保持干净整洁的着装，因为你的形象代表着本公司。"因此，为了维护自身形象和企业文化，企业在录用新人时，着装是否得体是很重要的考察标准。

针对这一现象，求职者在面试之前有必要对企业文化进行比较详细的了解，然后选择能够迎合这种企业文化的着装。文化上的认同，可以给面试官"自己人"的感觉，帮你顺利通过面试，并且能够很快地融入公司的文化。

同时，应聘者的着装提供给面试官很多个人信息，这些信息所表达的并不是仅仅局限于应聘者外表的美与丑，而是能够体现出一个人的综合素质。面试官会参考这些因素决定是否录用这个人。如果一个应聘者穿着松松垮垮的休闲服去面试，那就等于告诉面试官"我不在意这份工作"，自然不会得到面试官的重视。如果应聘者穿着脏兮兮的服装去面试，面试官会认为"这个人连自己的形象都打理不好，怎么会把工作做好"。相反，一个身穿正装的求职者则被认为懂得尊重别人，不但看重这份工作，还为此做了精心准备，甚至会认为他具有胜任这份工作的潜质。

如果着装不得体，即使你的学历、工作经验、口才都在证明你的能力，面试官也会对你产生怀疑，因为你的外表与你展示的能力不相符。有些人有很高的学历或者丰富的经验，对自己的能力非常自信，于是穿着随意的衣服就去面试，结果被用人单位拒绝。我们应该以此为鉴，面试之前一定要检查自己的着装有没有漏洞。着装的事看似不大，但它真的能左右一次面试的成败。得体的穿着会给你加分，不当的穿着则会破坏你的整体形象。

BQ：职场通行证

职场竞争中除了 IQ（智商）、EQ（情商）及 AQ（逆境商数）之外，BQ（美感商数）也是让你脱颖而出的一个指标。BQ 是目前全球企业用人时进行人力资源测验的新标准，指的是 Brain（脑力）、Beauty（美力）、Behavior（行为力），内外兼修所形成的 Brilliant（出类拔萃）。其中"美力"在职场竞争中的微妙但又很重要的作用越来越引起人们的重视。

这是一个讲究个人品牌的时代，要想取得全方位的成功，能力不再是唯一因素。你必须多元化地经营自己，先把自己变成精品，才能得到别人的认可。美丽的门面、得体的装束，所表达的不只是你有漂亮的外在形象，还能告诉别人你有很强的美感意识和美感认知能力。对"美感"的正确理解和灵活掌握，能够帮你轻松扩展人脉，让你在激烈的职场竞争中平步青云。

从通过面试进入职场，到职位的不断升迁，美感在职业生涯中起着不容忽视的重要作用。具有较高美感商数的人更容易得到上司的信赖，因而能得到更多的

机会。应聘同一职位的两个人，如果其他条件相当，比较具有美感的人更容易被录用；同样具有提升机会的两个人，比较具有美感的那一个更容易获得升迁。因为具有美感的人给人的印象是他能够轻松胜任这份工作。

很多职场中人抱怨自己工作那么努力，业绩也不错，却总是升迁无望，眼睁睁看着比自己资历低的人都爬到自己头顶上去了。形象设计大师纷纷指出，那些工作能力很强但在职场升迁竞争中遇到瓶颈的人，往往认为着装是表面文章，上司真正看中的是工作能力而不是漂亮的外表。他们忽视了"美感"在体现个人能力方面的重要作用。在老板眼中，尽管你的工作能力很强，但是要想进入领导层，你还需要完善自己的整体形象，提高自己的美感商数。着装的美感程度还可以反映出员工的心态是安于现状还是积极上进。

小张和小李毕业于同一所大学，毕业后同时进入一家电讯公司。他们分别负责公司同样的项目，业绩不相上下，工作同样认真负责。但是两年后小张已经做到了项目经理，小李还在原来的岗位上停步不前，3年后公司裁员时小李被辞退了。导致二人不同命运的原因就是对"美感"的不同理解。小张很注重自己的着装，经常穿一身有品位、有档次的正装出现在领导面前。小李却对小张的做法嗤之以鼻，认为穿漂亮衣服是爱慕虚荣的表现，所以3年来他一直穿劣质的化纤西服。他不知道其实企业最想培养的还是上得了台面的人，因为这也关系到公司的形象。某咨询公司的人事部负责人认为，一个普通员工是否有机会提升为高级经理，除能力外，也取决于他的职业形象是否符合这一职位的要求。一位房地产老总被问到裁人的原则时说："从穿得最差的开始。"

建立和谐的同事关系在职业发展中有重要影响。很多人都是因为无法跟同事相处才不得不离开自己喜欢的工作。具有较高美感商数的人，更容易得到同事的支持与帮助。在工作中穿着得体，能够赢得同事的认可，穿着失当有可能受到歧视。因此在职场中要想建立融洽的同事关系，就要学会适度地展现自己的"美力"。

职场中除了要面对上司和同事之外，还要与工作对象搞好关系。具有较高美感商数的人更容易获得客户及其他工作对象的好感，从而在开展业务时能够如鱼得水，应付自如。社会心理学领域的一项调查研究表明，美感的确能提升个人在职场中的竞争力。这项研究涉及公司的销售经理、律师、教授等职业，在控制了组织规模、年龄、学历、家庭背景等变项之后得出这样的结论：外表漂亮的经理、教授、律师能赚得较多的利润，赢得客户和学生的青睐。

要想自己的职业生涯一帆风顺，在不断提高自己的工作能力的同时，还要加强对自己"美力"的修炼，提高自己的"美感商数"。

永远不要把钱交给穿破皮鞋的人

合理着装，增强自信

1996年，李维斯服装公司为了了解消费者穿衣的动机进行了一次调查，结果显示，60%的人穿衣是为了增强自信。这一结果一方面告诉我们很多人缺乏自信，另一方面告诉我们通过合理着装可以增强自信。大部分人都是追求完美的，然而现实总是有种种缺憾。人们或者对自己的才能和成就不满意，或者对自己的体型和长相不满意，这些不尽如人意的地方就会让你表现得不够自信。

优秀的服装可以让你在各种场合沉着自若，因为你知道你的服装让自己在别人眼中显得优雅、出众。别人会因为你那出色的服装对你表示尊敬、友善，别人的态度会反过来加强你对自己的认同。优秀的服装还可以产生暗示作用，让你时刻表现出积极向上、乐观开朗的精神风貌。

刚刚大学毕业的小李面试过十几家单位，都以失败告终。尽管他在学校成绩优秀，还有出色的组织和管理能力，可是找工作屡屡失败，让他很受打击，越来越没有自信了。看着同学们一个个走上了工作岗位，他很着急，于是求助于学校的就业辅导中心。辅导老师在了解情况的同时注意到他的衣服，他上身穿着一件白色的西服，下身则穿了一条牛仔裤，脚上穿着运动鞋。辅导员忍不住问他面试时他穿的什么衣服，小李说："就是这身衣服。"辅导员告诉他穿着这样的衣服任何人都会没有自信的，建议他去买一套合身的西服套装。小李开始时将信将疑，但还是在老师的建议下选了一套深蓝色的衣服。穿在身上之后，他的腰也挺起来了，头也抬起来了。看着镜子里高大的形象，他露出了自信的笑容。随后，他以这样的姿态去面试，很快就找到了理想的工作。

大部分人不具备模特的身材，如果你因此而对自己失去信心，只能说明你缺乏着装方面的知识。因为无论高矮胖瘦，只要选择适合自己体型的服装就可以轻松发挥优势，掩盖不足，展现出自己的最佳形象，化解因为对自己的外表不满意带来的忧虑。

就职于一家外资企业的王小姐，是矮胖型的身材。她常常向朋友抱怨说法国老板总是用嘲笑的眼神看她。这让她在工作中畏首畏尾、底气不足，开会时总是躲在角落里，唯恐引起别人的注意。后来她参加了一个关于如何优化形象的培训课程，意识到通过合理着装可以让自己看起来高一些。在老师的建议下，她不再穿深色的套装、及膝裙和平底鞋，改穿有着渐变浅蓝色图案的直筒长裙和高跟鞋，以前那蓬松的鬈发也改为有层次的披肩直发。经过这番整体的"改头换面"之后，她不但看起来比以前高了四五厘米，而且整个人都显得比以前精神了许多。王小姐以这身装束笑容满面地在公司出现时，感觉老板和同事都在用仰慕的目光看她。从此以后，她敢于大胆地说出自己对问题的看法并提出解决方案，尽情地展现自己的才能，很快就得到了老板的重视，很多项目都让她来负责。

自信可以帮助你走向成功。很多人知道自信的重要性，只是苦于无法对自己充满信心。其实服装是帮助你增强自信最有效最便捷的工具，如果你用尽各种办法还是无法展现自信，那么你就试试合理着装这条捷径吧。

正确搭配，增加气势

无论是政界还是商界，领导人都处于金字塔的顶端，具有统御下属、掌控全局的职责。要想让人们听从你的指引，要想让人们对你产生敬畏之情，必须树立权威形象。领导者至少要在心理上与追随者营造一种落差，才能让追随者信服你的决策，听从你的安排。领导者要体现自己在团体中与众不同的气势,学识和能力自然是必不可少的,但正确的服装搭配同样应该引起重视。有些服装组合给人的感觉是保守的、无力的,甚至颓废的;有些服装组合则能衬托出一个人的威严和强烈的支配力。如果不懂得正确搭配,胡乱穿衣,就会降低领导者在人们心中的威信。

于先生凭借自己踏实卖力、认真负责的工作精神,由普通员工升为部门主管。开始时他一心想和下属打成一片,还是像以前一样不在意自己的着装。这样,他确实能和下属混在一起谈天说地,但是他工作起来感觉很吃力,因为他的命令总是遭到下属质疑,没有人听从他的调遣。上级领导知道这种情况之后,很快就找到了问题的所在,建议他首先从着装上入手,建立自己的威信。于先生试着穿上能体现权威感的深蓝色的西服,搭配上同色系的衬衫和领带时,发现自己的表情都在透出一股威严的气势。尽管他没有放弃友善的、富有亲和力的做事风格,但通过选择能体现领导者风范的服装,他已经在下属心中建立了一个有权威、值得信赖的形象。

商务谈判中,很多时候为了争取最大的利益,需要营造强硬的气势压倒对方,使谈判结果更有利于自己。如果在气势上输人一截,就会失去谈判的掌控权,让自己处于被动的局面。尤其是当谈判双方以团队的形式出现时,如何营造团队的整体气势就显得至关重要了。这种气势的营造,更需要懂得如何正确搭配着装。首先,无论是谈判代表还是助理人员都应该穿正装,而代表和助理人员的着装要有所区分，当然应该突出代表的权威性；其次，为了体现出团队的整体感，代表和助理人员应该穿同一色系的服装，助理人员最好有统一的穿着；最后，服饰的选择是至关重要的。深色系的服装能体现权威感，比如深蓝色或者黑色。深蓝色最能给人胜券在握的感觉，而黑色相对来说有些谨慎并且给人压抑感。如果要佩戴饰品的话，最多戴一块金属的名牌手表。

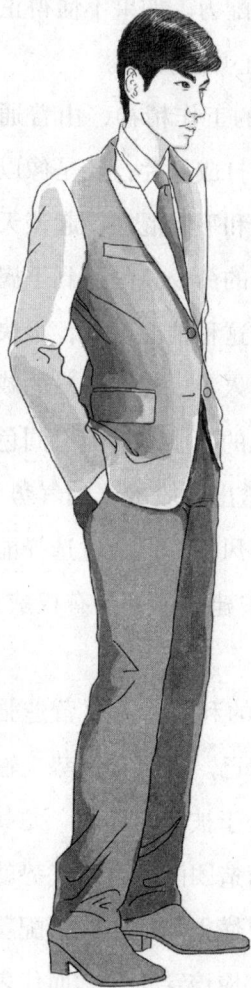

在一次公司兼并的决策会议上，上海某公司作为兼并者，它的谈判团就是凭借统一的深蓝色西装营造了来势汹汹的气势。他们的代表穿着深蓝色双排扣西装，配浅蓝色衬衣和条纹领带，助理人员则穿着深蓝色西装，配蓝白色条纹衬衣和蓝色领带。从服饰心理学上讲，深蓝色双排扣西装与浅蓝色衬衣搭配，能够表现出强烈的自信和征服别人的欲望。果然，他们主动出击、充满自信，表现出了权威者、领导者的气势。而作为被兼并者的广州某公司的代表，穿的是浅灰色的保守西装，搭配白色的衬衫和印花领带给人以温和的印象。这种搭配只适合协调会议时穿。助理人员有的穿西装有的穿夹克，非常不和谐。在上海公司的强势作风的反衬之下，更显得没有气势，因而失去了谈判的主动权。最后上海公司以出人意料的低价收购了广州公司。

服饰的合理搭配，在个人心态和团体气势上能起到如虎添翼的作用。要想通过自己的意志支配别人，要想给别人权威感，就得学会如何正确搭配服装。尤其是通常给人温和印象的职业女性，如果处于领导者的位置或者需要参加谈判，更应该注意避免过于繁杂的设计，最好选择中性的风格，以正式的深色套装为主搭配同色系的衬衣。

服饰能让你更具说服力

从来到这个世界的第一天起，我们就要不断地推销自己、说服别人。在职场上打拼，只有那些有本事说服别人的人，才能赢得更多的机会，更快地让自己的事业走向辉煌。销售人员需要说服别人购买他们的产品，职员要说服上级给自己更多晋升的机会。怎样才能说服别人呢？除了良好的口才，出色的工作能力之外，合理的服饰也能助你一臂之力。

很多行业虽然不像医生、军人那样有专门的职业装，但是都有自己行业的服饰特色。有些行业的穿着要求严肃、庄重，比如教师、金融业；有些行业需要体现活泼、富于变化的风格，比如演员、歌手；有些行业则需要体现出较高的艺术修养和文化品位，比如画家、服装设计师。一旦你的穿着与自己所属行业的服饰特色不符，就会让人们怀疑你的专业水平。没有人会相信穿着性感的老师是一个特级教师，也没有人会相信一个穿着呆板的演员能有高超的演技。

一家服饰公司做企划宣传，需要给模特拍一些照片。当负责人看到广告公司找来的"资深"摄影师时，对他的能力深表怀疑。这位摄影师穿着深色西装和黑皮鞋，还戴着黑边眼镜，看起来非常严肃。虽然他一再解释，并拿出自己的所有获奖作品来证明自己的实力，负责人还是不放心，最终也没有让他拍摄。很快负责人找到了一位摄影界的新秀。这位摄影师穿着一身黑色的劲装，留着很有艺术家气质的长发，再加上一些最时尚的小饰品，还没有展示作品就赢得了负责人的信任。因为他的形象符合一个专业摄影师应该有的风格。

对于推销员来说，要想让人们相信你推荐的商品是同类产品中最好的，首先你得让人们相信你是这方面的专家，你了解所有的同类产品，知道什么样的商品适合什么人使用。人们往往根据一个人的着装来判断他的专业水准。一个西装革履的人和一个穿着牛仔、T恤的人同时向你推销汽车，你会相信谁？显然西装革履的人说的话会更有分量。因此，如果想让人们相信你所说的，就要在服饰上下功夫，让自己看起来像个专家。

当公司要拓展业务时，怎么让领导相信你能够独当一面，说服他把艰巨的任务交给你？当公司要提拔人才时，怎么才能让领导相信你具备管理能力，说服他提升你的职位？可以让你的着装来帮你说话。领导对他需要的角色有一定的期待，如果你的形象符合这个角色的要求，很容易让领导相信你就是他所需要的角色。

小陈进公司 3 年了却始终得不到重用，一直担任助手的角色。他心里很不平衡，直到有一天他去问老板才知道问题出在着装上。尽管他的工作能力很强，但是他那一身学生装束让老板很难放心地把几百万元的生意托付给他。从此他开始学习有关着装方面的知识，力求把自己打扮成经理的样子，很快就说服老板，开始独立操作一些重大项目。

在职场中，你的着装能够反映你的角色定位，你希望自己担任什么角色就穿上适合那个角色的衣服。你的衣服会告诉人们你是这个角色最合适的人选，人们会因为相信你的衣服而相信你这个人。

人们信赖衣饰亲切的人

老板只有赢得员工的信赖才能令行禁止，政界领导只有赢得基层百姓的信赖才能得到人们的敬爱与支持，商界人士需要赢得合作伙伴的信赖才能实现长期合作，销售人员需要赢得客户的信赖才能实现销售……如何才能取得别人的信赖呢？服饰心理学家告诉我们，人们信赖衣饰亲切的人。

作为领导者的企业老板，如果一味地展现自己威严的形象，就会让员工产生抵触心理，最终不利于企业发展。当你需要表现对员工的关心时，当你想了解员工对公司一些规定的看法的时候，如果还穿着国际名牌服装来显示你的老板身份，就会让属下认为你只是走走过场，并不是真正关心他们。朴素的着装可以为你营造轻松的、没有压力的气氛，穿得随便一点能够帮你拉近与员工的距离。只有当员工对你有亲切感的时候，才会对你敞开心扉，你才能够以一个长者的身份了解员工在工作和生活中的问题，从而更好地加以管理。

领导人深入基层的时候，往往穿一件浅色的夹克衫，因为浅色系最能给人以亲切感，而夹克衫则是典型的民间服饰，给人平易近人的印象。如果领导人穿着接见外宾时的服装去农村视察，就不容易得到老百姓的信赖。亲切的服饰能够成功地塑造一个体恤下情的领导人的形象，让人们忽略他的身份和地位，真正感受到领导人对自己的关心，进而相信他能够代表自己的利益。当领导人进车间视察的时候，甚至会穿上车间的工作服，让车间工人心里暖洋洋的，相信这样的领导人一定会为他们办实事儿。

虽然说商场如战场，但是现在"合作""双赢"的观念越来越深入人心。具有合作关系的两家企业往往有着共同的利益。商业伙伴之间为了实现更进一步的合作，往往需要增进感情、加强了解，互相赢得对方的信赖。因此除了正式的谈判和会晤之外，商业伙伴之间还会有一些非正式的会面。在这种场合如果穿着过于强硬的深色服装就会让对方怀疑你是否真诚。浅色系西装搭配格子衬衫最能表达自己真诚的态度，轻松赢得对方的好感，让你与合作伙伴之间建立长久的友谊。

在销售领域和服务领域等跟人打交道的行业，服饰向来是人们很看重的一件道具。相关从业人员只有通过服饰表现出自己的亲和力，才不至于还没做自我介绍就被客户拒绝。亲切的服饰能帮助他们赢得客户的信赖，让自己的业绩蒸蒸日上。某人寿保险公司的销售冠军李小姐感慨地说："大家都在强调销售人员的着装要正式，要表现出自信，以至于现在消费者一看到西装革履的业务员向他走来就赶紧避开。因为那一身过于职业化的着装会给人冰冷的感觉。"人寿保险的销售对象是那些关注自己和家人的安全及健康的人群，亲切的服饰会让他们相信你是真心诚意为他们的幸福着想，冷峻的着装会让他们担心受骗而与你产生距离。

只有保证自己的穿着能给别人带来亲切的感觉，才能缩短自己与别人的距

离。服装的款式越简单越好，柔和的线条给人轻松、亲切的感觉。面料要以棉、麻等天然纤维为主，避免选择皮革、尼龙等让人产生距离感的冷漠面料。色彩则以暖色为佳，纯白色也是很舒适的色彩，而咖啡色、黑色相对来说会给人压抑、烦躁的感觉，花里胡哨的色彩过于突出自己，同样会让别人产生排斥感。

柔化穿着，能借外力

在激烈的职场竞争中，有的人整天忙得焦头烂额，总是有办不完的事，即使在假日里也不能从工作中解脱出来。一个工作狂的形象，给人的感觉是"我能搞定一切，我不需要帮助"。这样，不但没有人会帮助他，人们还会对他提出更多的要求。有的人在谈笑间就把事情处理完了，还有时间享受自己的私人空间。这种人知道自己不是万能的，他们会适时地向别人求助，恰到好处的示弱不但不会破坏自己的职业形象，反而会给人谦虚诚恳的印象，赢得好人缘。不同的着装风格可以塑造或强硬或柔和的形象，强硬的形象拒人于千里之外，即使有再多的工作人们也会觉得理所当然让他自己完成，柔和的形象则会让人乐于帮上一把。

某外贸公司就有两个形象截然不同的女业务员，一个总是穿着男性化的套装，或者利落的中性裤装，给别人的印象是风风火火、永不服输的女强人形象；而另一个则穿着浪漫的长裙，搭配正式的外套，刚柔相济的外表不乏女性魅力。两个人的业绩不相上下，但是前者常常忙得不可开交，总是为了工作加班加点，后者则有同事或助理帮她处理事务，甚至客户也会主动提出免除一些手续，减轻她的工作量，这使她有充足的时间享受休闲的假日。造成这种差别的原因就在于，前者事无巨细都是一手包办，后者则善于借助外力，很多事都不用她操心。工作中繁杂的事务那么多，如果大事小事都要亲自过问，就算全年无休也处理不完，聪明的人应该懂得借助于别人的力量，减轻自己的工作压力。至于别人是否肯帮你，很大程度上取决于你的穿着给别人的印象。

过于强势的形象会引起别人的防御和抵触心理，理性的、刻板的穿着所营造的精英形象会让人们觉得你有能力把自己的工作做到最好，而且必须为你的工作负责。相反，如果你以一个柔和的形象出现在人们面前，不但容易产生亲和力，而且容易让别人降低对你的要求，处处为你着想。在商业合作中，男性客户面对外表强悍的女性时，会对她的合作品质提出较高的要求，面对外表温柔的女性时，则会降低要求。

在事业的发展过程中，和谐的人际关系至关重要。没有人愿意跟着装过于严谨的人打交道。轻松柔和的着装风格显得穿衣者没有企图心，人们对他没有戒备而愿意敞开心扉。因此，别让传统精英形象成为你发展人际关系的绊脚石，通过柔化自己的着装风格，可以展现出一个谦虚又随和的形象，从而赢得别人的支持与帮助。

柔化穿着可以从色彩、款式和面料入手。浅色系的色彩比深色系的色彩显得柔和，让人容易亲近，比如米黄色、象牙白、浅灰色等都是职场中比较经典的颜色。带有休闲元素的款式可以给人轻松的感觉，比如曲线裁剪的套装，或者领口、袖口带有小装饰的衬衣。质地柔软的面料不仅自己穿着舒服，在别人看来也会觉得很柔和，因此要尽量选择丝质或毛质的面料。

既然柔和的着装风格可以让你得到别人的帮助，让自己潇洒地面对工作中大大小小的琐事，赢得好业绩之后还可以享受令人羡慕的休闲假日，何必再把自己打扮成无所不能的工作狂呢?

用衣服包装自我，用自信打动他人

美国商人希尔在创业之初，就意识到了服饰的作用，他清楚地认识到，商业社会中，一般人是根据一个人的衣着来判断对方的实力的，因此他首先去拜访裁缝。靠着往日的信用，希尔定做了 3 套昂贵的西服，共花了 275 美元，而当时他的口袋里仅有不到 1 美元的零钱。然后，他又买了一整套最好的衬衫、衣领、领带、吊带及内衣裤，而这时他的债务已经达到了 675 美元。

每天早上，他都会身穿一套全新的衣服，在同一个时间里、同一个街道与某位富裕的出版商"邂逅"相遇，希尔每天都和他打招呼，并偶尔聊上一两分钟。这种例行性会面大约进行了一星期之后，出版商开始主动与希尔搭话，并说："你看起来混得相当不错。"接着出版商便想知道希尔从事哪种行业。因为希尔的衣着所表现出来的这种极有成就的气质，再加上每天一套不同的新衣服，已引起了出版商极大的好奇心，这正是希尔盼望发生的情况。希尔于是很轻松地告诉出版商："我正在筹备一本新杂志，打算在近期内争取出版，杂志的名称为《希尔的黄金定律》。"出版商说："我是从事杂志印刷及发行的，也许我可以帮你的忙。"这正是希尔所等候的那一刻，而当他购买这些新衣服时，他心中已想到了这一刻。后来，这位出版商邀请希尔到他的俱乐部和他共进午餐，在咖啡和香烟尚未送上桌前，已"说服了希尔"答应和他签合约，由他负责印刷及发行希尔的杂志。希尔甚至"答应"允许他提供资金并不收取任何利息。

发行《希尔的黄金定律》这本杂志所需要的资金至少在 3 万美元，而其中的每一分钱都是从得体衣服所创造的"幌子"上筹集来的。

希尔的成功很有力地证明了衣着对一个人的巨大作用，如果当初他根本不注重衣着，那么那位出版商肯定连看都不愿看他，更不会帮他出版杂志了。

据社会心理学家估计，第一印象的 93% 是由服装、外表修饰和非语言信息组成的。服饰是一种无声语言，不但能给对方留下一定的审美观感，而且它还能反映出你个人的气质、性格、内心世界。它在很大程度上决定了别人对你的喜欢程度。

美国的心理学者雷诺·毕克曼做了以下有趣的实验：在纽约

机场和中央火车站的电话亭里，在任何人都可以看到的地方，放了 10 美分，等到一有人进入电话亭，约 2 分钟后敲门说："对不起，我在这里放了 10 美分，不知道你有没有看到？"结果退还钱的比率差异较大，询问者服装整齐时占 77%，而询问者衣服较寒酸时则占 38%。

因此可以看出，衣服一定程度上决定了别人对你的印象和态度。一套得体的服装会带给你自信，从而使别人更愿意与你交往。着装艺术不仅给人以好感，同时还直接反映出一个人的修养、气质与情操，它往往能在尚未认识你或你的才华之前，向别人透露出你是何种人物。

因此，在这方面稍下一点功夫，是会事半功倍的。所以，你要学会用服装来包装自我，选择带给你自信的优质服装，不但可以掩盖你身材的不足，还可以衬托形体的优势，并在心理上消除由于对外表不满带来的焦虑。

优质的服装还可以积极地调整穿衣者的态度，它有强烈的暗示作用，在心理上提示自己表现得要如同自己的服装一样出色。另外，它还能够增加着装人的成就感，让你表现得自豪、沉着、优雅。

因而，你不一定穿自己喜欢的衣服，但你一定要穿让你自信的衣服，它绝对会在很多层面上影响你的工作、你的生活。你穿着自信的衣服时，你在 3 秒钟之内可以抓住别人的视线；如果你抓住别人的视线，你在 3 分钟之内才可以得到别人的注意力；如果你得到别人的注意力，才有后面 30 分钟跟别人交谈的机会。所以每天出门的时候，你要先照一下镜子，看看自己有没有穿着吸引别人的服装。

衣着对一个人的影响非常大，一个不讲究衣着、对衣着缺乏品位的人，人际关系的效果势必会受到影响。因此，你若想有个好形象，从现在起，请立即注重你的衣着。用衣着来包装自我，用自信来打动他人。

穿对衣服做对事，人生将会大不同

体型有区别，穿衣有不同

美丽的衣服不是穿在所有人身上都能增添光彩的，而不同的人穿同样的衣服也会赋予衣服不一样的气质。衣服与人之间，互相搭配，互相衬托，得体恰当的装扮才可以体现你的内涵、展现你的魅力、为你的美丽加分。所以想要穿得漂亮的你，一定要选择适合自己的衣服。

如果你是娇小玲珑型的女士，穿着深色的衣服，会显得更为瘦小。所以，应该选择淡色或有小型花纹且质地柔软的衣服。此外，上衣可以采用镶边的样式，裙子则不妨在腰际打碎褶，使身材显得较丰满。帽子、手袋和项链等配件，则尽量选用小而可爱的类型。

如果你是矮小而丰满型的女士，如果穿着蓬裙或长裙会显得更为矮胖，所以在穿裙子的时候，应该尽量选择合身的短裙。此外，也可以选择色彩明亮的运动衫、细小花格的洋装。打结的围巾或装饰领口的小胸针，都是理想而可爱的配件。总之，体型矮胖的人，在穿着方面，应该尽量表现得清爽，而且充满活力。

高挑瘦削型的女士几乎适合各种样式的服装。但如果穿着太古板的衣服，会让人觉得老气横秋。因此，在选择衣服的式样时，应特别注意"新鲜感"，最好是穿着大型花纹且曲线丰富的洋装。布料方面，则以舒适、柔软的质地最为适宜。如果衣服上有横向的花纹，会显得更为丰满动人。另外，选择宽边帽、大的手提包和较长的耳环或项链，会使你显得更为大方、俏丽。

高而粗壮型的人，通常腰部较为粗壮，所以，掩饰的重点应该放在腰部。如果体形略胖，裙长应该垂膝。此外，各种式样的迷你裙也适合这类体形的人穿着。服装的款式，以趋向运动装的样式最为合适。布料则以不要太显露体形的质料为主。色泽方面，则应选择深而鲜亮的色彩。在配件方面，也以大型的饰物较为合适。

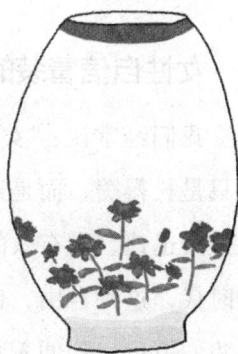

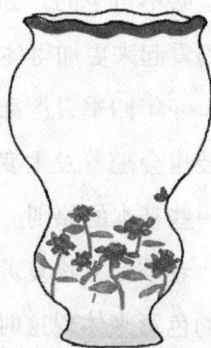

女性自信着装的原则

我们经常说："女性可以用美丽征服世界。"这种美丽，肯定不只是长得美，而是兼含内在与外在和谐统一的美感。而表现外在，最迅速、最有效的就是女性的着装。当今时代，是崇尚自由的时代，这种自由，也渗透到了穿衣打扮之中。但是，这并不是说我们就可以随便着装了，在必要的场合，遵循着装的基本原则还是必不可少的。如果我们遵循了着装的这些原则，不仅可以使我们看起来更加得体，也会使女性更加自信。

一年四季，严寒酷暑，不停地变换。为了保持体温，我们的服装也会随着发生变化。但是，不同的季节，着装的色彩也要遵循一些基本的原则。

春季是万物复苏的季节，因此，这个阶段的着装应采用暖色系的色彩来体现这时的生机勃勃。秋季是丰收的季节，也是一个充满诗情画意的季节，此时可采用中间色和中明度色来体现秋天的成熟。

春秋季节是服装种类最多、没有什么特殊限制的季节，可以根据自己的特点和爱好来选择。在面料和款式上，柔软而有光泽的质料比较受人们的欢迎。

夏天气温很高，很容易使人浮躁不安。因此，此阶段的服装色彩应以冷色、浅色为主。尤其是蓝色，能让人眼睛一亮，备感清新。蓝色与其他颜色搭配也可以相得益彰。在面料选择上，由于人体易出汗，所以应选透气性强、吸湿性好的纯棉、纯麻和丝绸面料。

冬季寒冷，因此可以选用色彩鲜艳、热烈的颜色格调，给人以温暖的感觉。面料上可以选择保温性强的呢、绒、毛料、皮等。

对于爱美的女性来说，选择当前最流行的服装是必要的。因为流行代表着充满活力、永远年轻的生活态度。但是，也不要忘了是否与自己的个性相符。每一季流行的清单上，女人最应该注意的是哪些适合自己。女人的装束，不一定每件都是名品，但一个季节至少应该选择一套略高于自己消费能力的高档时装，这会使你自信心倍增。

高级和廉价可以混着来穿。比如一些 T 恤之类的可替代性较强的服饰，可以不必买名牌，只要借鉴一下名牌的款式和色彩就可以了，然后和自己高级的服饰搭配，这样就可以用比较少的钱穿出大牌的品位。

另外，女性着装，还应该注意以下一些细节。

不要在办公室穿太紧、太透、太性感的衣服。如果穿得过于性感，只会使你看起来不专业，像个花瓶。

不要穿得过于男性化。

不要盲目追赶时装潮流。

要每天改变上班穿的裙子长度、款式和颜色。

在办公室与人洽谈业务时，不要一会儿脱掉外衣，一会儿又穿上，这样会分散对方的注意力，也会给对方带来不稳定的感觉。

佩戴的饰品不要太低廉、太累赘，这样会给人带来俗气的印象。首饰佩戴应该大方得体。

衣服上不要喷太浓的香水，这样会使人觉得俗不可耐，并且不敢靠近。

不要穿抽丝的丝袜或者露出线条的内裤上班。这样，你的腿形再美，也失去了和谐的美感。

在穿衣打扮之前，先问问自己要和什么样的人会面，再来决定穿什么样的衣服。

衣服的色彩搭配十分重要。一般而言，正式场合，不要穿色彩反差太大的衣服。

总之，合适、得体的着装可以把女性变得更加可爱、更加具有吸引力。从女性自身来说，出色的着装，可以使自己具备饱满的自信和工作热情，进而在工作和社交中给大家留下良好印象，使自己获得成功。

西装穿正确，更显魅力风采

西装，又称西服、洋服。它起源于欧洲，目前是全世界最流行的一种服装，也是商界男士在正式场合着装的优先选择。西装的造型典雅高贵。它拥有开放适度的领部、宽阔舒展的肩部和略加收缩的腰部，穿在男士的身上，会使之显得英武矫健、风度翩翩、魅力十足。20世纪初，一些家庭主妇纷纷走向社会，参加工作，有的身居要职。随着妇女地位的提高，她们纷纷仿效男性穿潇洒的西装，于是女式西装应运而生。女式西装受流行因素影响较大，但基本的要求是要合体，一般为上衣下裤或上衣下裙，能够突出女性体形的曲线美，应根据穿着者的年龄、体形、皮肤、气质、职业等特点来选择款式。

随着国际化的不断深入发展，西装在全世界范围内都受到越来越多的关注。各种职业人士都被要求穿上西装，展示出自己稳重的魅力形象。然而，并不是说穿着西装，你就可以魅力十足，令人刮目相看了。西装的搭配、面料、样式、剪裁等都会使两个穿西装的人之间有天壤之别。

美国作家福斯特刻薄地认为："西服过大、过小、过短、过长都会让穿衣者看起来像是西服以外的异来之物，我们因此断言：他不懂得穿衣之道，他还没有吸纳足够的现代文明，他或许穿着别人的西服。无论如何，他肯定缺乏品位。"

所以，穿西装也要讲究方法，女士穿西装最应注重的就是和谐和搭配。

女式西服没有固定的穿着方式，穿着时需注意：无论哪种西装，首先要合体，女式西服套装应能突出女性的体型美。

一般女式西服最好选择质地较好的纯毛面料，西服上装与下装不一定要颜色相同，只要颜色和谐即可。

女士穿西服需要考虑年龄、体型、肤色、气质、职业等特点。年龄较大或较胖的女性可穿一般款式的西服。

女士穿西服还要注意服装与服饰的和谐。一般可选择飘带领的顺色衬衫；里边穿高领毛衣时，还可以佩戴精巧漂亮的胸花。注意，应避免看到里面穿的保暖衣。

此外，还要注意皮鞋、皮包的式样，颜色要与西服的颜色搭配谐调，优美大方的发型也要与穿着的西装谐调。

男士穿西装的讲究就会更多一些。男人的西装依扣式的排列，有单排和双排之分。穿单排扣西装，多为三件式，即配背心一件，但是近来已不一定穿背心，而且相沿成习。坐下时，为求舒适，西装扣是可打开的，但站起来或走路时，应扣上西装的上扣，否则不雅。至于穿双排扣西装，则不必穿背心，应扣上扣及暗扣，扣扣子是尊重他人的行为。

西装是潇洒与美的化身，但并不是说任何西装穿戴在任何人身上一定都能产生美感。事实证明，西装只有与穿戴者的气质、个性、身份、年龄、职业以及穿戴的环境、时间协调一致时，才能真正达到美的境界。

古希腊"和谐就是美"的美学观点在服饰美中得到了最充分的体现。既然服饰的美在于和谐统一的整体视觉效果，那么，服饰穿戴基本原则也许会使你从中得到某些启示，从而能正确地穿着西装，尽情展现你迷人的魅力。

男士穿西装要讲究细节

西装是商业人士必不可少的服饰，在办公室、会议厅、宴会上、谈判桌上，凡是商务活动触及的范围，到处都是西装笔挺的人们。然而，人人都会穿西装，但不是人人都能穿好西装，因为很多人不知道，穿西装还有很多细节要讲究。

穿西装讲究"露三白"，即是衬衫领子露白，前胸露白以及衬衫的袖口露白。衬衫袖口露白有一定的国际标准：大多比外套长 2 厘米左右，过长过短都不好。在标准范围内，个子高的人袖口露白应该短一点，而个子矮的人则应该露白多些。

一般来说，穿西服时，包括上衣、西裤、衬衫、领带、鞋子以及袜子在内，全身的颜色不宜超过 3 个色系，否则容易给人一种混乱、不庄重的感觉。

在一般性的正式场合，穿着单排两粒扣或单排三粒扣的西装时，都应扣好最上面的纽扣，而将最下面的纽扣解开。避免当你坐下时腹部隆起而显得臃肿窝囊，而且不会让你的形象过于呆板。但是穿双排扣西装的话，则一定要将扣子全部扣上。

穿西装时，只能搭配皮鞋，并且要保持皮鞋的清洁光亮，当你参加重大商务活动或是社交活动时，出门前一定要擦亮皮鞋，这是对宾客的尊重，也是对自己形象的尊重。穿西装时，袜子也要有讲究，必须是深色的棉毛袜。千万不能穿白色或其他浅色的袜子，更不能穿尼龙袜。袜子应该长到你的小腿肚，以免你坐下时露出腿上皮肤和体毛而有失庄重。

无论哪种西装，其外侧口袋装东西都是有讲究的。上衣外侧左胸袋一般不放东西，要放也只可以放置装饰性的口袋巾或参加宴会时的鲜花；外侧下方的两个口袋除临时装名片等需要用的小物件外也不宜放其他东西，切忌把口袋装得满满的，看起来鼓鼓的；内侧左右的胸袋可以放钢笔、名片夹或者钱包，但也不宜放过厚的东西，以保持平坦。

穿西装应避免肥大或者过于窄小，只有合身的西装才能修身，让你显得更加挺拔有型。

一般而言，合身剪裁的西装要保证肩线与袖笼尽量不改，袖长的修改幅度不能超过 3 厘米，身长修改不能超过 1.5 厘米，避免西装下缘太靠近口袋而显得有点奇怪。西裤最好是长到接触脚背，太短的西裤成了"吊脚裤"，会显得不够大气。裤腰不能过大或过小，以合扣后可插入一手掌为宜。上衣和西裤要相协调，不能上面过宽、下面过窄，反之亦然，一定要保持统一的合身度，以构成和谐的整体。

当你把这些细节都注意到后，你一定会穿出最有气势的西装，无论在什么场合，你都会是最吸引眼球的那一个。

着装要讲究 TPO

穿着一身严谨、利落的职业套装去上班很合适，因为它可以体现你的专业素质和能力，但是如果下班后去参加大型晚宴，还是这身装扮就显得和宴会的气氛格格不入。服饰写满了社会符号，是各种社会文化的载体。不同的时间、不同场合对着装风格有不同的要求，只有掌握了各种场合的着装原则才能适时地展现自己的能力与魅力，让你在事业、爱情、人际交往方面都能一帆风顺。

成功的形象来自成功的 TPO 着装，TPO 着装原则是国际公认的最基本的着装原则。"T"指的是"Time"，代表时间、季节、时令；"P"指的是"Place"，代表地点、场合、职位；"O"指的是"Object"，代表目的、对象。

从时间上讲，一年有春、夏、秋、冬四季的交替，一天有早、中、晚的变化，毋庸置疑，在不同的时间里，着装应该有所变化。春天是万物复苏、生机勃勃的季节。由冷色向暖色过度的色彩会给人以舒服的感觉，例如鹅黄、葱绿。服装的面料质地以紧密、有弹性的精纺面料为主，会让你看上去显得精致、干练。夏天酷热的天气让我们希望通过各种途径得到凉爽的感觉，适合穿中性色以及纯度和明度比较弱的冷色调，面料则要以棉、麻、丝等天然面料为主。秋天是色彩最丰富的季节，暖色调的色彩，蓬松、柔软的面料最能配合秋天那落叶满地的景况。冬天考虑到要给人以暖和的感觉，应该选择较深的颜色，比如褐色、深灰、姜黄、驼色。冬季的面料可以精纺也可粗纺，原料以羊绒、驼绒为佳。

　　白天是工作的时间，着装应该力求稳重、严谨、干练，展现一个专业人士的形象。理智的中性色彩、平整的高质量的面料、传统款式的套装是不错的选择；晚上是进行社交活动的私人时间，你可以选择适合自己着装风格的晚装或休闲装，尽情展现自己的魅力。

　　从地点上讲，置身于室内或室外、单位或家中、迪厅或大型宴会等不同的场合，着装的款式也应该有所不同。室内空间较小，适合穿具有收缩效果的服装，可以选择偏冷色调的、浅淡的色彩，直线型裁剪的款式。室外空间大，适合穿有膨胀效果的服装，比如两件套的上装，暖色调、曲线裁剪的款式。单位是工作场所，要求正式、严谨的着装风格。家庭是私人的休闲空间，着装可以根据自己的喜好选择宽松舒适的款式。迪厅是尽情释放自

己的场所，适合夸张、前卫的服饰。大型的宴会则要求你展现优雅的风采，适合高贵典雅的服装、华丽的配饰。如果不顾及场合而胡乱穿衣，就会被人们视为异类。穿着运动服去上班和穿着比基尼走在大街上一样不成体统。

社会心理学认为，人们进行任何社会活动都有一定的目的性。合理的着装可以帮你实现自己的目的。出门之前先考虑你要去干什么，要跟谁打交道，想达到什么目的，然后根据需要选择服饰。面试时选择看上去整齐、庄重的服装，会提高你应聘成功的概率；去会见客户时选择有亲和力的服装，会赢得客户的好感和信赖；约会时穿上充分展现自己性别魅力的服装，可以赢得异性的喜爱；旅游时一身休闲、轻松的装束可以助你旅途愉快。如果不考虑目的性就随意地搭配服装，很可能会"出师不利"。

如果你的着装符合 TPO 原则，在任何时间、任何场合都不用担心自己的着装会出错。TPO 原则还能保证你在工作和生活中恰当地扮演自己的角色，让着装造型和自己的身份、地位一致。

你和成功的距离，可能仅仅是一件配饰

领带，男人的自我宣言

王峰是一家房地产公司的业务员，每天都穿着西装、打着领带上班，向客户推介房屋。他身高 1.75 米，身材匀称，穿起西装来很挺拔，他的业务水平也很不错，几次被评为优秀业务员。按照公司总部的规定，各个地方年度的优秀业务员都可以代表分公司到总部所在地参加年会，可是王峰却从未参加过，都是由其他优秀业务员去参加。他很纳闷，但是又不知道原因是什么，他壮着胆子问了一下领导。领导说："小王啊，你别介意啊，我们不让你去不证明你的能力不行，而是因为这个年会是我们公司最重要的集会，每个分公司都会选形象最好的人去做代表，也是给分公司增光嘛。"

王峰更不解了，自己的形象难道不好吗？他又咨询了一个专业的形象设计大师，大师看了看他的打扮，轻轻一笑："你的领带让你丢了分！""怎么会呢？我这个可是名牌的！""但是你系得太高了，都在腰带之上，太小家子气了，任何商业人士一看到，就觉得你没有气势，当然，人家不可能告诉你这些小问题。"

领带是男人个性的宣言，是男人展示自己的窗口；领带是西装的灵魂，是男士西装最抢眼的饰物。任何一个男人都应该想一想，自己选择的领带体现了一个怎样的自我。王峰的领带打得过高，就无声中展示出了一个不大气的形象，让公司和同事对他失去了信任感。

领带虽然只是一个小小的配件，但是领带的长度却有着不可忽视的作用。英国剧作家奥斯卡·王尔德曾说过："学会系好领带是男人生活中最严肃的一步。"要想让领带成为西装的"画龙点睛"之处，就要学会系领带，掌握好长度是第一也是最重要的一步。成人日常所用的领带通常长 130 ~ 150 厘米。领带打好之后，外侧应略长于内侧。其标准的长度，应当是下端正好触及腰带扣的上端，这样，当外穿的西装上衣系上扣子后，领带就

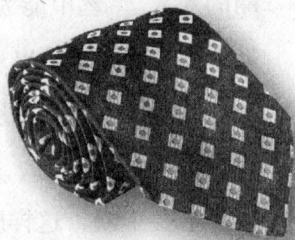

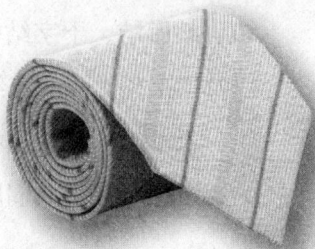

不会因为过短而动不动就从衣襟上面跳出来，领带的下端也不会因为过长而从衣襟下面"探头探脑"地显露出来。

总而言之，让领带显出气势，就要保持领带的底部三角正好处于腰带的中间。一旦长于腰带就会显得不精干，而拖拉在腰带之上，则显得小家子气。另外，为了保证你能根据自身的情况把握好领带的长度，你最好不要在正式场合选用难以调节长度的"一拉得"领带。

巧戴丝巾，彰显女性魅力

丝巾是魅力女人最女性化的饰物，奥黛丽·赫本说："当我戴上丝巾的时候，我从没有那样明确地感受到我是一个女人，美丽的女人。"丝巾能为女性增添无限的魅力，要想使女性的妩媚、魅力通过丝巾传达出来，就要先了解一下丝巾与脸形的搭配法则。

圆脸的人，要想拉长脸部轮廓，最好将丝巾下垂的部分尽量拉长，强调纵向感，并注意保持从头至脚的纵向线条的完整性，尽量不要中断，这样脸就会显得长些。在系花结的时候，应选择那些适合个人着装风格的系结法，如钻石结、菱形花结、玫瑰花结、心形结、十字结等。应避免在颈部重叠围系，或系过分横向以及层次感太强的花结。

长形脸的女性选择左右展开的横向系法，能展现出颈部朦胧的飘逸感，并可减弱脸部较长的视觉。如百合花结、项链结、双头结等，都很适合长形脸的女性。另外，蝴蝶结也很适合长形脸女性。系法就是先将丝巾拧转成略粗的棒状后，再系出蝴蝶结。应该注意的是，不要围得过紧，尽量让丝巾自然下垂，渲染出朦胧的感觉。

从额头到下颌，脸的宽度渐渐变窄的倒三角形脸的人，会给人一种严厉的印象和面部单调的感觉。可利用丝巾让颈部充满层次感，再系一个稍微大一点儿的结，会有很好的调节作用。如带叶的玫瑰花结、项链结、青花结等。这类女性在佩戴丝巾时应注意减少丝巾围绕的圈数，下垂的三角部分要尽可能自然展开，避免围系得太紧，并注重花结的横向及层次感。

两颊较宽，额头、下颌宽度和脸的长度基本相同的四方形脸的人，容易让人觉得不够柔媚。因此，系丝巾时，尽量做到颈部周围干净利索，并在胸前打出些层次感强的花结，再配以线条简洁的上装，就可演绎出优雅的气质。丝巾的花结可选择基本花、九字结、长巾玫瑰花结等。

不要忽视袜子的搭配

很多人从上衣到鞋子都穿得很好，很有品位，给人的印象非常不错，但是一坐下来，露出鞋里的袜子时，特别是在黑色的皮鞋里面若穿一双雪白的袜子，就会有损个人形象。

一个人的形象是非常系统的整体，你穿了不错的衣服和鞋子

当然对提升你的形象大有帮助，但是要想打造完美的形象，还需要注意任何一个微小的细节。一个有品位的人绝对不会在一双名牌鞋子里面穿上廉价的尼龙丝袜，也不会穿套裙的时候配一双短的丝袜。有品位的人无论何时出现都会是一副完美的形象，没有一丝纰漏。下面就介绍一下袜子与鞋子以及衣服的搭配法则。

相信很多人对于告诫男人穿皮鞋不要穿白袜子的内容并不陌生，这里不再赘述，也无须追究原因了，这就好像我们穿着睡衣逛商场或者拜访朋友一样失礼。穿一套深色西服，脚踏黑皮鞋，却搭配一双白袜子在视觉上落差太大。

一个很简单的方法可以避免错误，就是袜子的颜色与裤子一样或者比裤子的颜色更深一点就可以了，这是一个很常规的穿法，一般不会出错。

现在很多女性深受名人穿衣打扮的影响，但是要知道，名人是在标榜个性或者是角色的需要，而你作为一个职业女性是不可以打扮得非常前卫的，否则会让别人对你的身份产生怀疑。

很多影视演员在角色中会以短装、七分裤配短丝袜的形式出现，显得活泼俏皮，而对于职业女性来说，这种打扮是不被接受的，穿着露在外面的短丝袜是职业女性搭配中的禁忌。

穿套裙的时候应该穿长筒袜，穿裤装的时候就要搭配与裤子颜色相近的袜子，即使是穿短装，也要搭配短的毛线袜或棉袜，而不是短丝袜。

其实，很多搭配的禁忌都是从视觉感受出发的，就像黑皮鞋白袜子的搭配，给人的感觉就是很扎眼。所以，穿着搭配并不是什么难事，你也不必被这诸多的禁忌弄得眼花缭乱。只要不忽视袜子搭配的问题，穿好衣服站在镜前好好地打量自己一番，通常就能发现问题。

袜子搭配看似是小节，但是绝对不能不注意。因为有的时候，就是这些细节的东西破坏了你整体的形象。为了使你的形象从整体上完美，要注意袜子的搭配。

妙穿丝袜，魅力加倍

有一家专做女人丝袜的成衣公司曾经有过这么一个广告说："丝袜就是女人的第二层皮肤。"这句话说得并不夸张，一双好的丝袜可以弥补你腿部肌肉的粗糙，使你的腿从任何一个角度来看都是那么光润。然而大部分女性都很讲究着装搭配，对身上衣着的每一部分都格外注意，但是往往只顾搭配服装、佩戴饰物，而忽略了丝袜。丝袜搭配不当，或穿着失态，都会破坏着装的整体效果。所以女性一定要学会必要的丝袜搭配技巧。

丝袜的色彩要与时装、鞋子的色彩协调一致。穿浅色的衣服时，请勿穿深色丝袜。如黑裙、黑鞋则配黑色透明丝袜。如果鞋子本身颜色很杂，要尽量选择接近裙子底色或鞋上较深颜色的袜子；花色衣服宜配素色袜子；带花点的丝袜可配素色衣服。肉色丝袜与任何服装色彩搭配都较和谐。其次要与服装、鞋子的款式相一致。如较正规的西装、礼服就不可配穿花色丝袜；在穿旗袍或短裙时最好配穿连裤袜；着薄裙时应穿透明丝袜，给人以轻快活泼感；大花图案和不透明丝袜适宜配平跟鞋，图案细小和透明丝袜宜配高跟鞋。服装款式越复杂，丝袜越应简单、清爽。

腿粗的女性适合穿深色、直纹和细条纹丝袜；腿短的人宜着深色无图案的丝袜；腿部较瘦的人宜穿浅色丝袜、不透明丝袜或颜色鲜艳的丝袜；腿形优美者不妨选择色彩鲜艳的丝袜。

对于日常忙于上班的职业女性，不妨选一些净色的丝袜；社交时宜穿着灰调的丝袜，酒红、黑、灰、紫色会让你显得庄重、高贵、沉稳。

另外，穿丝袜时不可"露空"，即不能穿短得使腿分为两部分的丝袜，不论是裙是裤，下摆、裤角都要盖过袜头，不要让袜头露出裙摆、裤角，以免失态。没有弹性的袜子应使用吊袜带，否则袜子总往下褪，频频撩裙提袜有失大雅。丝袜由于比较薄，容易受损坏，穿着时要多加小心，因为穿抽线勾丝的丝袜会使你的魅力指数大打折扣。

包包选对，为形象增色

无论对于男人还是女人，包都是必备的部件，也是形象的一部分。所以，我们应该注意选择适合自己、为自己的形象加分的包。

男士们在商业会晤中，公文包中装着所有的重要文件，是必不可少的用具。即使是那些随身带着秘书和助理的领袖级人物，他们的秘书或者助理也会带着这样的一个包。

手提包也是上班族的必备之物。如果是男士，切忌选用女性化的皮包，纯色的真皮是上选，深色的最佳。不要在包上配任何装饰，干净光亮就行。皮包中，应准备好钢笔、记事本、电话本、计算器，以便随时随手记下他人的电话号码和其他信息。

男性用包多以皮革制作，长方形，造型较大，线条简洁，以黑色、棕色为主。选择手提包时，应考虑其色彩与服装的协调，既不能完全一致，又不宜反差强烈。

以前，在商业领域比较常见的多是那种硬箱式的、正方形的公文包。随着时代的发展，公文包的形式悄悄地发生了变化，但是，商业上通用的依然是那种近似于标准尺寸的皮质公文包，这几乎成了一条不成文的准则。

手提包和公文包的重要性仅次于男人的服饰，它是男人身份

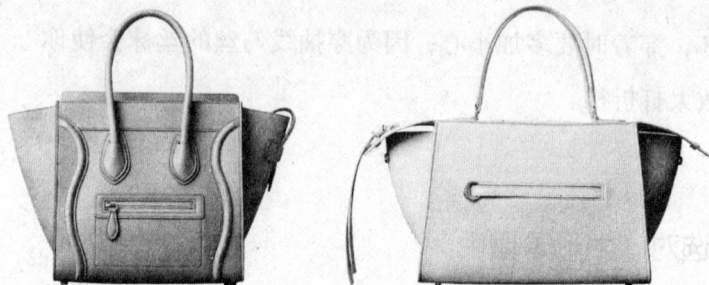

的体现。我们往往通过一个男人的手提包和公文包来判断他的职业，每个成功或希望成功的男士都不应忽视这一点。

如果男人在家里工作或在外旅行，那就最好买一个体积足够大的包。无论在什么场合，都不应将你的皮包装得鼓鼓囊囊的，固然包是用来装东西的，但你更应该注意你的形象。

如果必要的话，男人可以准备两种不同类型的包：用于周末旅行的航空包和轻巧的手提包或公文包。有两只把手的公文包已经过时，所以你最好不要用它，即使它还是新的。

手提包对大多数男人来讲都是必需的。在精致的手提包里可以装上一些当天需要用的文件、报纸、日志、钢笔、空白信笺等。不管是什么类型的包，在购买或使用前都要对它仔细检查，如是否毛糙、拉链是否容易损坏等。单层皮革文件夹仅仅适用于在开会的时候使用，如果你在其他场合也随便带来带去，那别人只会认为你仅仅是个记录员。

背包和肩挎包已被广泛地使用，包括轻巧的大手提包在内，它们特别适合喜欢简单实际的年轻男士使用。总的说来，旅行用包和办公室用包不适合在重要的会议中使用。尽管手提包可以用诸如塑料、帆布、金属、织物加工而成，但对于一个已经或希望取得成功的男士来说，应该使用皮制的手提包或公文包，而黑色、黄褐色、红褐色、深灰包和藏青色则是富裕的象征。

女性的包无论样式、色彩、质地等，可供选择的余地就大了。不过，常用的包有三种：一个是大而结实一点的手提包，上下班和工作时间用的，必须实用，甚至可以放文件；第二个包是中等大小的包；第三个是一个小巧考究的手提包，里面只放少量的化妆品、钥匙、钱等物品。这是你穿上晚礼服、出席正式场合时用的。这三个重要的基本包，因为常用，所以颜色和质地的选择特别重要。它应该能与你大部分的衣服的色彩和质地相配。

总之，尽管包是个小配件，但选择不适合所出席场所的包，仍会影响你的整体形象。因此，在正式场合，一定要选择适合的

包，这不仅能够为你带来方便，体现你专业的态度，还可以为你的形象增色。

腰带凸显品位

腰带对于女士来说更多的是装饰作用，质地有皮革的、编织物的及其他纺织品的，纯装饰性的作用更多，款式也多种多样。但如果你个子不高，腰围不细，建议你还是不用为好，除非买的衣裙本身是有腰带的。

你的衣橱中平时要常备几条实用的腰带：

一条大约5厘米宽、金色带扣、造型简单的黑色腰带。

如果是夏季，可以用白色的窄腰带。

常备一条任何宽度的腰带。可以选你喜欢的颜色，但应是你常穿衣服颜色的辅助色。

选择腰带要注意搭配问题：一是要和服装协调搭配，包括款式和颜色；二是要和体形搭配；三是要和社交场合协调。另外，如果你的腰带上有金属，你的鞋子或扣子、你的首饰等都应是同样的颜色，否则将会不协调。

俗话说皮带是男人腰间的一张"脸"，可见其重要性是其他服饰配件无法取代的。男人不同于女人，有时候穿牛仔裤、裙子或其他休闲束身裤，也可以不系腰带。男性往往要举止优雅，气质卓尔不群，总少不了腰间这一抹细节，因此还须刻意去装饰。

一般情况下，皮带的质地、花色、钩扣决定了它的价值。市面上常见的皮带有猪革、牛皮、羊皮、鳄鱼皮，以及休闲的帆布腰带。各种质地的皮带由于加工鞣制过程不同，而呈现出多样的风格。猪皮和羊皮经剥离分层后，更为柔软；牛皮有种身骨硬挺的感觉；鳄鱼皮则是档次较高的选择。

男人皮带的花色同着装的整体搭配密切相关。正式场合穿着笔挺的西装时，腰带的花色应和皮鞋保持一致。质地较好的黑色皮带是自信男人必备的饰品。在同其他服饰搭配时，色彩也应同总体风格相协调。

此外，在选用皮带时，应注意几个细节。首先，皮带的装饰性是第一，所以不能挂过多的物品，简洁、干练才是男人的特征。其次，皮带的长度是不应忽视的，系好后的皮带，尾端应介于第一和第二裤襻之间。最后，皮带的宽度应保持在 3 厘米。太窄，会失去男性阳刚之气；太宽只适合于休闲、牛仔风格的装束。

男士穿西服时，都要扎腰带，而其他的服装（如运动、休闲服装）可以不扎。夏季只穿衬衫并把衬衫扎到裤子里去的时候，也要系上腰带。

皮带是穿西装裤时不可省略的配件。皮带的颜色要与裤子色彩搭配，其中以黑色最容易搭配衣服。穿咖啡色系西装时可选择深咖啡色的皮带，并与皮鞋配合。皮带扣也是可以展现个人品位的细节，最好能将眼镜、领带夹和皮带扣等配件搭配出有整体感的效果。

现在皮带的作用除了固定裤子外，装饰作用也日益突出。选择一条质量上乘、款式大方、新颖别致的皮带，可以增加男人的风度和气质。

眼镜塑造男人个性形象

男士的配饰较少，因此眼镜的作用就十分明显了。眼镜具有改变男人外在形象的作用，它可以使男人看上去既权威而又有智慧，特别是上了岁数以后。而对年轻男士来说，佩戴眼镜会使他们看上去更加沉稳。

在选配眼镜时，你与配镜师之间要密切配合。如果配镜师不能准确地理解你的意思，他们就不能很好地为你服务。在配镜时不要紧张，在一般情况下配镜师和其他工作人员也不会对你的"挑剔"感到厌烦。

镜架应该符合你面部的线条，不可能所有的镜架都适合你的脸形。例如，圆形镜架戴在圆脸或胖乎乎的脸上就显得滑稽可笑；飞机驾驶员式的眼镜戴在方脸上则给人过于严肃和不安的感觉。关键是要选择适合你的面部特征的眼镜，尽可能使你的圆脸变得有棱角一些，或者使你的方脸变得柔和一些。

镜架的上沿应该与你的眉毛平行，否则，你看上去就会像是有两道"眉毛"，你的眼睛也就显得不那么突出了。你的眼睛必须正好位于镜片的中央。镜架既不应宽于你的脸，也不应让人看上去像要掉下来一样。另外，镜架的下沿不应低于鼻孔的位置。

当然，你可以根据自己的喜好选用镜架。如果你喜欢色彩明快的颜色，那你就选用色彩明快的镜架。如果你的眉毛是浓密的，那就应该选用深颜色的镜架；相反，如果你的头发和眉毛比较稀疏，就不宜戴黑边框眼镜，否则只能使你的头发和眉毛看上去更少。你可以选择金属或颜色较淡的塑料镜架，也可以选择带有花纹的灰色或黄褐色镜架。"热情奔放"的镜架只适合在轻松的场合或业余时间使用。

　　如果你的鼻子比较大，那么就应该选用一副有窄而明亮"搭桥"的眼镜。颜色较深的"搭桥"会使你的鼻子显得更大，而位置低一些的"搭桥"会有效地"缩短"鼻子的长度。

　　不要不分场合总是戴着变色镜。在室外，为了减少光线对眼睛的刺激，你可以戴太阳镜或变色镜。但太阳镜和变色镜不适合在办公室戴，这也是不尊重别人的表现。

　　不管是出于改变自己的形象或者由于实际原因而使用眼镜，你必须选择符合你的面部特征和脸形的眼镜。这样，就可以在为自己塑造个性形象的同时，使自己戴上眼镜后也感到舒适。

项链佩戴得当添光彩

　　项链也是非常重要的佩饰，是人们视觉的焦点。它的种类很多，大致可以分为普通材料项链（如金属材质、玻璃、琉璃等）和珠宝项链（如宝石、钻石、珍珠等）两大系列。项链是绝大部分女性的饰品，如果佩戴得当，就会给人视觉上的冲击，为你的形象大添光彩，所以女性要懂得如何佩戴项链。

佩戴项链的要诀是造成视觉变化以弥补颈项的不足。脖子长的人要选择有横纹、较粗的短项链或者颗粒大而短的项链，使其在脖子上占据一定的位置。由于对比而造成的层次丰富感，在视觉上能缩短脖子的长度。

脖子长而体形和皮肤都比较好的人可以走两个极端：即色彩鲜艳的和色彩比较暗的彩金项链，都会产生好的效果。对于脖子比较短的人来说，则宜佩戴较长的项链或"V"字形的项链，因为直线条可将对方的视线由上往下引，这样就可增加颈部的修长感。佩戴细长的项链也很漂亮，如果项链下面再悬着一颗钻石吊坠，就更完美了。

另外，不同的脸形应佩戴不同的项链。

方形脸的女人戴"V"字形加吊坠的项链最漂亮，而中长度的项链也是首选，因为它可以让脸看起来较修长。

与方形脸相反，尖形脸的女人不宜选用"V"字形的项链，因为它会重复你脸形的尖线条。这种脸形的女性应该选择横条纹项链以及短项链，这样可以使你的脸形更显柔和。

圆形脸的女人宜佩戴长一些的项链，例如用中型大小的珍珠制成的长项链，可以使你的脸形看起来长一些，并能让你的脸看上去瘦一些。此外，在项链下面加上美丽的项链坠，也会起到修饰脸形的作用。

椭圆形脸是最符合东方女
性的传统审美标准。这种脸形
在项链的佩戴上，几乎各种款
式都能与之相配。

　　佩戴项链时，还要考虑与
服装是否搭配。

　　穿礼服时，应佩戴珍珠项
链或与礼服相称的金属钻石类
项链。穿黑色礼服时，最好能
搭配上三连式珍珠项链。

　　在项链与套装的搭配上，
项链的材质、色彩、款式、质
地、长短、粗细及风格等因
素，都是需要重点考虑的。这
些要素既要与套装的面料、色
彩、款式相协调，也要与套装
的职业性和整体性特征以及端
庄、简洁的风格等相衬。

　　在穿便装、休闲装时，可
以随自己的喜好，根据衣服的
颜色、质地等因素，佩戴木
质、陶质、石质项链，这样的

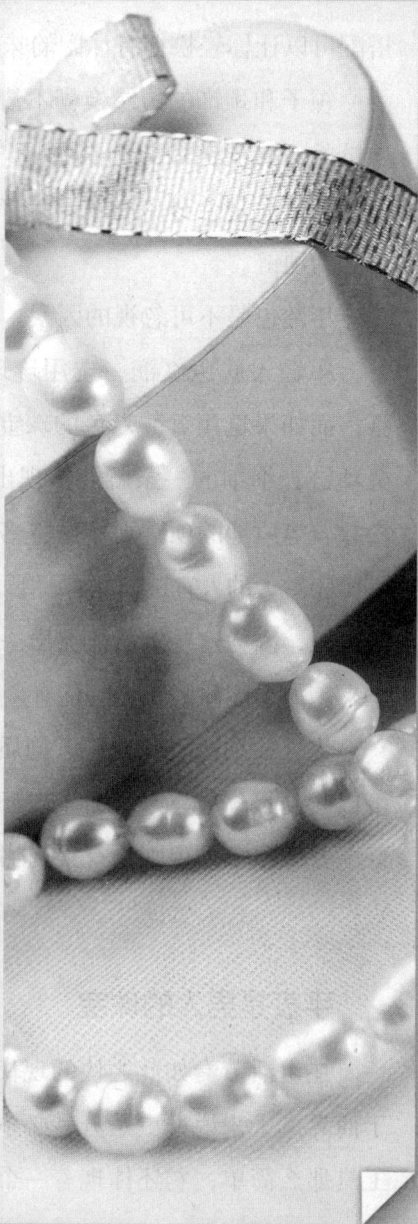

搭配可以让你轻松拥有休闲韵味。

领子和颈饰的边缘模糊不清，或者有相交的衣服是不应搭配项链的。与项链最配的衣服是"V"字领衣服，另外是比较大的圆领，然后是合身的高领。穿着这类衣服时，能够比较容易搭配适合的项链。

年龄也是不可忽视的因素。

年轻人肤色红润，选用珍珠项链，会显得平和、恬静和文雅；而如果选用五颜六色的珠宝项链则会显得神采奕奕；选择铂金项链，细细的一条就能体现出浓浓的女人味；而古拙的藏银、松绿石等质地的项链则显得酷感十足。

年龄大的人宜选择配有翡翠、钻石、蓝宝石等华贵宝石的项链来佩戴，因为这些宝石能突出一个人经过岁月洗礼后的沉稳和端庄来。如果能佩戴铂金等稀有金属制成的项链，也是不错的选择。

另外，项链宜和同色、同质地的耳环或手镯搭配佩戴，这样可以收到最佳效果。如果上衣领子是两条常打成蝴蝶结式的，最好不要戴项链，否则会有累赘感。

手表是男人的珠宝

在生活节奏如此之快的现代社会，"时间就是金钱"。尤其对于商界人士来说，更是分秒必争。手表不仅仅是用来显示时间的工具那么简单，它还体现着一个人的时间观念、工作效率等与之相关的内容。作为常见的佩饰，手表的意义并非只与时间有关，它还是时尚和声望的象征，可以给你带来荣耀和快乐。

成功男士不可以腕上无表。不戴手表的男人给人的感觉是轻飘飘的，好像没有坚定的信念，没有稳定的根基，因而不值得信赖。一块手表可以衬托出男人成熟、稳重的气质。但是并非所有的手表都有这样的效果，塑料表盘的电子表会让你显得很幼稚。成功男士或者渴望成功的人千万不要戴非金属手表。

一个刚刚进入金融界的年轻男士深知着装对于塑造个人形象的重要性，他按照职场着装的规则效仿老板的穿着。他穿着热尼亚西服和万·拉克衬衫，佩戴着阿玛尼领带，可以说他的形象无可挑剔，配得上证券分析师的身份。但是有一天在会议中讲解分析报告的时候，他不小心露出了手腕上的塑料电子表，他感到别人在用略带惊讶的目光看着他的手表。这让他感到无地自容，因为别人戴的都是精致的、亮闪闪的金属手表，自己的塑料手表似乎在告诉别人他没有资格在那里高谈阔论。事后他很快就买了一块瑞士机械表来修正自己的形象。

坚固耐用的机械表是男人的首选，它可以衬托男人理性、坚毅的魅力。精美的造型、清脆的走时声、闪闪发亮的金属光泽，以及机械表特有的那种沉甸甸的质感，都具有一种不可抗拒的吸引力。越薄越小的手表给人的感觉越精致，但是对于男人来说有厚重感的手表才能体现出阳刚之气。

手表的表盘一定要选择金属的，表带可以是真皮或者金属的。

如果喜欢柔和、理性的皮质表带，又想让自己的手表看起来上档次，那么就选择鳄鱼皮的。如果喜欢刚毅、严谨的金属表链，就选择最能够显示财力的黄金表链。虽然白金更值钱一些，但是远远看去跟不锈钢没多大区别。

"手表是男人的珠宝"，选用高档手表是男人可以堂而皇之地奢侈一把的机会。最高贵的手表设计风格永远简单精美，白色表盘上面一圈罗马数字，秒针、分针、时针，分外醒目。永恒的上品手表是劳力士、欧米茄等，它们的价位一般比较高。对于一般人来说，这样的价格确实难以接受，但是它给你带来的荣耀是值得投资的。手表是天天带在身边的佩饰，甚至可以与你终生相伴。一块高品质的手表能够时时刻刻为你赢得赞许的目光。

如果你现在还买不起上万元的品牌手表，那么你可以选择铬合金的手表。这样的手表虽然不像劳力士那样高贵，但是同样可以给你带来高品位的感觉。深蓝、炭灰、浅褐、黑色、白色等各种色泽赋予了铬合金手表时尚的气质。棱角分明的四方形表盘搭配金属表带，把男人的率性与野性表现得淋漓尽致。

第三章 ❦

魅力妆容，让你一直美下去

仪容要美化，形象才优化

面容修饰，铸出亮丽容颜

面容是人的仪表之首，也是最能动人之处，所以面容的修饰是仪容美的重头戏，特别是在社交场合，对于面容的修饰更为重要。由于性别的差异和人们认知角度的不同，男女在面容美化的方式、方法和具体要求上是不同的，他们有着各自不同的特点。

男士面容的基本要求

男士面容最基本的地方，体现在胡须上。男士应该养成每天修面剃须的良好习惯。如果实在想蓄须的话，男士朋友们也应该从工作的角度出发，看工作是否允许，并应该经常修剪，保持卫生。不管是留小胡子还是络腮胡，整洁大方是最重要的。而没有留胡子的人，在出席各种公共场合或社交活动的时候，切不能胡子拉碴地去。

女士面容的基本要求

一般来说，女士的美容化妆应特别注意如下几点：

化妆的浓淡要考虑时间、场合的问题。

随着时间与场合的改变，女士化妆应有相应的变化。白天，在自然光下，一般女士略施粉黛即可；在工作的时候也应以清新、自然的妆容为宜。而在参加晚间的娱乐活动时，浓妆比淡妆更好。

化妆治标而不治本，属消极的美容，应提倡积极的美容。

面部的皮肤比我们想象中更娇嫩，任何不科学的外部刺激都会对其产生不同程度的损伤。正如大家所知道的，任何化妆品中都含有一定量的化学物质，这些化学物质对皮肤多少都会有不良的刺激。不少女士喜欢浓妆艳抹，这样也许会为她增添几分妩媚，但事实上，这是消极美容，会对皮肤产生一定程度的伤害。因此，要想使面容的仪表更好，最好的方法是采用体内调和的美容法。

首先，在生活中要多多参加户外体育活动，促进表皮细胞的繁殖，使表皮形成一层抵御有害物质的天然屏障。其次，良好的心境与充足的睡眠也是不可少的。这对皮肤的新陈代谢有一定的作用，也会使面容有光泽。再次，合理的饮食也不可忽略。多喝水，多吃富含维生素 C 的水果蔬菜等，少吃辛辣、高糖、高盐的食物。最后，坚持科学的面部护理与按摩也是十分重要的。它能促进血液的循环，使面容更加红润健康。

无论男性还是女性，都应该注意自己的面容修饰，让亮丽的容颜增加你的吸引力。

不同的脸形，不同的修正技巧

除了可以通过化妆技巧对不同的脸形做修正外，还可以通过其他一些方法对脸形做技巧修改，给你的个人形象加分。

圆形脸的人可以通过采用强调法和弥补法来处理发型。前者，可以将头发处理为短发，向上梳露出脸的轮廓。后者可以采用偏分的直发，用两侧的直线弥补脸部的曲线条，头顶的部分要尽量蓬松，并让发根直立。

用拉长的直线形领，平衡过于圆滑的下巴曲线。

项链要选择若有若无的直线，吊坠最好选择方形的。耳环要选择小三角形或小正方形的，最好挑选那种在阳光下才会显现的闪光材料。

互补和强调是运用发型修正脸形要遵循的两大原则。互补的作用是"避短"，强调的作用是"扬长"。但是在日常生活中我们却更愿意选择比较保险的互补法，来达到"避短"的作用，而且越是年龄大的人越爱用互补法。

针对长形脸来说，最好让一部分头发盖住前额，让脸的长度变短一点。另外还要把脸颊两侧的头发做成圆滑的弧线或大卷，以产生蓬松丰满的感觉，利用视错觉让脸蛋儿变胖一点点。

可选择一字领、弧形领、高领及樽形领，从视觉上缩短脸的长度。

在项链和耳环的选择上要注意回避那种有拉长感觉的设计。可以挑选短链条、包颈设计的，同时注意不要挂吊坠。耳环方面，可以挑选有向外扩张感觉的耳扣，以及大圆环、大粒珍珠等。

圆弧形的丝巾轮廓比较合适。一般可采用包住脖子的系法，丝巾最好在侧面或者后面打结。

椭圆形框架的眼镜比较适合长脸的人，眼镜框要比本人的脸颊稍稍宽出一点才不显得脸过长过窄。

对于方形脸，可以将头顶的发向上梳理，盘成高髻，或将头顶的头发整理得很蓬松，呈弧线。两侧的头发可以修剪成有动感的曲线或有层次的碎发。

领子采用向下发展的领形最好，比如大 U 字领。

选择圆点状的耳环最好。

丝巾需要系成正面有花结的下挂式。

方形脸的人宜佩戴稍稍上翘的弧线形镜框的眼镜。

不同的脸形有许多不同的修正方法，但是无论是通过哪种方式来修正脸形，都需要经过一段时间的摸索才能找出最适合自己的修正方法。所以，即使一两次没修正好也没关系。如果能请专业人士给予一定的指导，就能够事半功倍。另外还有一点不能忽略，随着年龄的增长，人的脸形也会有或多或少的改变，所以修正的技巧也一定要随时进行调整。

好形象从"头"出发

按照一般习惯，一个人注意和打量他人，往往是从头部开始的。而头发生长于头顶，位于人体的"制高点"，所以更容易先入为主，引起重视。鉴于此，要想打造良好形象，首先应该从"头"出发。

勤于梳洗

头发是人们脸面之中的脸面，所以应当自觉地做好日常护理。不论有无交际应酬活动，平日都要对自己的头发勤于梳洗，不要临阵磨枪，更不能忽略此点，疏于对头发的"管理"。

通常理发的间隔，男士应为半月左右一次，女士可根据个人情况而定，但最长不应长于一个月。洗发，一般可以3天左右进行一次。

至于梳理头发，更应当时时不忘，见机行事。

总之，头发一定要洗净、理好、梳整齐。如有重要的交际应酬，应于事前再进行一次洗发、理发、梳发，不必拘泥于以上时限。不过切记，此类活动应在"幕后"操作，不可当众"演出"。

发型得体

发型，即头发的整体造型。在理发与修饰头发时，对此都不容回避。选择发型，除个人偏好可适当兼顾外，最重要的是要考虑个人条件和所处场合。

个人条件，包括发质、脸形、身高、胖瘦、年纪、着装、佩饰、性格等，都会影响发型的选择，对此切不可掉以轻心。

在上述个人条件里，脸形对发型的选择影响最大。选择发型时，一定要考虑自己的脸形特点，例如，国字脸的男士最好别理板寸，否则看上去好像一张扑克牌。Ω 发型，则主要适合鹅蛋脸的女士，头发的下端向外翻翘，可展示此种脸形之美。要是倒三角脸形的女士选择了它，就不太好看了。

在社会生活中，人们的职业不同、身份不同、工作环境不同，发型自然也应有所不同。

总而言之，在工作场合抛头露面的人，发型应当传统、庄重、保守一些；在社交场合频频亮相的人，发型则应当个性、时尚、艺术一些。至于前卫、怪异的发型，大约只有对艺术工作者才是适合的。

长短适中

虽然说想要头发或长或短完全是一个人的自由，但是从社交礼仪和审美的角度来说，头发到底该多长或多短是有讲究的。具体来说，其受以下几个因素的影响：

男性和女性的区别，在头发长短上就有所体现。一般大家的观点是：女士可以留短发，但是却很少理寸头；男士的头发虽然也可以稍长，但是不宜长发披肩、扎辫子之类的。

从美观的角度来说，头发的长度在一定程度上应该与个人身高有关。以女士留长发为例，头发的长度应该与身高成正比。如果一个矮小的女生，头发却长过腰，反而会显得自己的个头更矮。

如果一头飘逸的长发出现在少女的头上，会有相得益彰的感觉。但是如果一位六七十岁的老奶奶却留很长的头发，则会让人感觉有些怪异，且显得自己没有多大的精神。

职业对头发的长短也有一定的影响因素。比如，野战军的战士通常会理寸头，这是为了方便负伤的抢救，但是商政界人士则不适合这样。对于在商界工作的女士来说，头发最好不过肩，而且应以束发、盘发作为变通；男士则不宜留鬓角和发帘，长度最好以不触及衬衣领口为宜。

美化、自然

人们在修饰头发时，往往会有意识地运用某些技术手段对其进行美化，这就是所谓的美发。美发不仅要美观大方，而且要自然，不宜雕琢过重或是不合时宜。

在通常情况下，美发的方法有 4 种形式，它们分别是：

烫发。烫发，即运用物理手段或化学手段，将头发做成适当形状的方法。决定烫发之前，先要看一下本人发质、年龄、职业是否合适。如果一个不到 20 岁的女孩子烫了大波浪卷的头发，就会显得老气横秋。

染发。发色不理想，或是头发变白，即可使用染发剂令其变色。对中国人而言，将头发染黑无可非议，而若想将其染成其他色彩，甚至染成多色彩发，则须三思而行。

作发。作发，即运用发油、发露、发乳、发胶、摩丝等美发用品，将头发塑造成一定形状，或对其进行护理。作发的要求与烫发的要求大体相似。

假发。头发有先天缺陷或后天缺陷者，均可选戴假发。选择假发，一是要使用方便，二是要天衣无缝，不可过分俗气。

迷人的双眼需要外护和内养

每一个人都想拥有美丽迷人、会说话的眼睛。眼睛不美，即使其他部位再美，也会失色。而如果眼睛明亮动人，那么其他部位即使差了些，也照样可以留给别人美的印象，因此，眼睛的美化是不可忽视的。要想拥有一双迷人的眼睛，就应当对眼睛加以特别的保护，不但使它美丽，而且要使它健康。所以，迷人的双眼需要外护和内养结合。除了化妆之外，基本的保养也是不可或缺的。

如果说眼睛是心灵的窗户，那么我们的眼睑就是它独一无二的窗帘，为眼睛提供保护和清洁。所以说，眼睛的保养，在很大程度上是指对眼部皮肤的护理和滋润。眼部周围的皮肤拥有的皮脂腺非常少，所以是最纤薄、最敏感的，很容易处于缺水的状态。想保持眼睑的平滑明净，要重视补充足够的水分。

每天早晚的眼部护理程序，尤其是在干燥的季节和环境中时更不能忽视。在早晨，轻柔的啫喱状眼部净化露、凝露是年轻肌肤最理想的选择，而在晚上可以选择更富有滋养以及修复作用的眼部精华液和眼霜。还有定期做眼膜能使眼部肌肤重获生机，让你的眼睛时刻如秋水般澄澈明净。

在眼部使用的产品最关键的原则是安全，一定要选用经过眼科检测的产品。对眼部的彩妆，一定要使用眼部专用的卸妆液，不仅卸妆快捷容易，也不会损伤到娇嫩的眼睛及眼部肌肤。当然即使是选对了产品，仍然要注意卸妆的手势应轻柔细致。

眼睛应有充分的休息，眼睛疲倦除了影响美丽之外，还会伤害眼睛，首先要知道怎样避免眼睛疲倦，其次应当知道疲倦了怎样休息。

一般造成眼睛疲倦的原因，第一是在光线不足的灯光下阅读；第二是做细小的工作，令眼睛太过专注而产生疲劳；第三是用不正确的方法看电视。阅读时光线要足够，在电灯下阅读，应该选择

80～100瓦的灯光，电灯的位置应该高于视平线，书的位置应当放于灯的一边，才能避免反光，书与你眼睛应保持35～40厘米的距离。有些工作，如抄写、打字、统计、速记、做针线等，这类工作很容易使眼睛疲倦，所以做一段时间，应让眼睛休息2～3分钟，休息的方法是让眼睛看远处的东西，如墙壁、天花板，如果能凭窗眺望两分钟更好。

眼睛是对光线最敏感的器官，紫外线对眼部肌肤的伤害当然不用多说，同时过多的强光刺激还会增加患白内障的概率。养成在明亮的光线下戴太阳眼镜的习惯，这在保护眼睛的同时，也有效防止因强光照射引起的眯眼而使得皱纹提早出现。眼睛明亮与否，与营养有密切的关系。食物与这种情形有很大的关联，一般而言，眼睛出现混浊的人，多是由于过分吃肉类、细粮类等食物，而含淀粉、鲜果、蔬菜等食物吸收太少。宜多吃有利于眼睛的食物和水果，例如鱼类、肝脏、橙汁等。

睡眠适量充足、精神愉快、身体健康，自然有动态美的表现。睡眠前若能够用鲜奶洗眼一次，也是最优良的美眼方法，用鲜奶来洗涤，一方面可将眼睛所留存的不需要物质清除，另一方面由于鲜奶含有酵素及种种营养成分，不只对眼睛有补充营养的作用，还有清洁作用。茶因含有维生素C，茶叶中的单宁酸也非常丰富，对清净眼睛都有很大的功效，睡眠前用茶洗眼一次，对眼的美丽极有效果，但以清茶类如水仙、龙井、寿眉等未经制炼的较佳，所以饮茶对美容也是一个良好的方法。

想要拥有闪亮迷人的眼睛，就行动起来吧，外护和内养一个也不能少。

4 招让颈部展示青春魅力

任何人都逃不过时间的考验，想要让自己更加年轻精神，就必须费心保养。然而，很多人往往把保养的焦点放在了脸上，对于颈部的保养很少去理会。殊不知颈部也是最容易泄露年龄的一个部位。看一个人颈部上的皱纹有几圈，就能推算出他的年龄。所以，为了让自己看起来更年轻，露出颈部时更能展现青春的风韵，先做好颈部保养吧！

颈部护养必须是充分地滋润与保养，让颈部享受和脸部同等优厚的待遇，以此保持颈部皮肤的弹性，避免皮肤松弛。

许多演员都有一套颈部皮肤的保养秘诀。例如，英格丽·褒曼的颈部保养秘诀是坚持抹颈霜。颈霜给颈部皮肤提供保养、滋润，保持颈部肌肤的弹性，淡化、减少褶皱的作用，令颈部更加娇嫩、光洁、富有弹性。奥黛丽·赫本则把

檀香精油、天竺葵精油 6 ～ 8 滴，滴于 10 毫升甜杏仁油中，在秋冬干燥的季节，每天或隔天按摩颈部，以保持颈部的滋润和弹性，减少褶皱。

在日常生活中，常用的保养方法如下：

冷热交替敷法：取一条小毛巾，用冷水浸湿，轻轻拧干水，敷在颈部。拉紧贴在颈部，取下。再换用一条毛巾，用热水浸湿，敷在颈部。冷热交替敷 10 分钟。

拍打下巴法：将小毛巾叠成四层蘸上冷水，轻轻挤出水。用右手揪住小毛巾角，用力拍打右下巴和右脸下部，拍打 10 ～ 15 次，再换左手持小毛巾拍打左脸下部和左下巴。

半小时美颈法：在颈部和下巴处涂专业护颈膜，根据使用说明，涂一定时间后用水洗掉。每星期可做 1 ～ 2 次。

颈部按摩法：每次洗脸时应该一直洗到颈根。每天进行脸部按摩后，也应对颈部进行按摩。你肯定不想看到光洁美丽的脸孔与粗糙松弛的脖颈搭配不协调的画面，所以，在保养脸部皮肤的同时，千万别忽略了颈部。

除此之外，保养颈部还离不开锻炼。颈部的血管负责头部、面部的血液循环及营养供应，加强颈部的锻炼，不仅可以使颈部皮肤光洁，还可以促进血液循环，达到保健的功效。

美丽有缺憾？化妆来拯救

精致唇妆，打造完美双唇

嘴唇是整个面部活动幅度最大的部位了，所以要避免呆板。不是所有的唇形都让人感到心仪的，所以唇妆也要"查漏补缺"，打造美唇，让精致唇形为你的形象添加色彩。

要使口红涂上去能够出现鲜亮、健康的血色，就要防止嘴唇干裂、脱皮，因为嘴唇干裂时，再漂亮的口红也很难涂上去，再有光泽的口红也会显得不自然。所以说，唇部化妆的效果如何，在很大程度上取决于唇部自身的健美。

描唇的三种基本手法──内描、外描、直描

当手持一支色泽醉人的唇膏时，如何在唇上描画，画出叫人惊艳、迷人的嘴唇呢？

从三种唇轮廓的描法，可表现出三种不同的风格与韵味。

直描法。将唇形，以带锐角的直线形涂唇膏，给人青春而活泼的感觉，少女可考虑此描法。

内描法。是将轮廓描在原有唇形的稍内侧。此种描法，充分

表现知性而敏锐的气质，适合现今事业型的女性。

外描法。 在原有唇形的稍外侧，描上唇的轮廓，使朱唇整体显得丰满些，充满女性柔情、性感的韵味。

改变唇形的方法

涂口红之前，应用唇笔勾出唇线，唇线越接近原来的唇轮廓越显得自然，不过，也可利用唇线的描绘改变唇形。

小唇化大。画唇线时可超过天然唇线之外，颜色宜选醒目的口红。

大唇化小。唇线宜画在天然唇线以内，宜用接近唇色的口红，如唇部突出，用深色口红会使之内陷些。另外，涂粉底时可使之压上天然唇线，然后再用唇笔画出较内收的唇线。

如果身形苗条，宜采用娇俏唇形，即双唇尽量画薄，唇峰要稍尖高；若是体态丰满者，则宜选用丰满唇形；大唇改小时，唇线在嘴角即开始收入，而唇中几乎不收，唇峰画得较钝。

甜美唇形。要给人以甜美形象，唇角即应上翘，涂口红时应适当将上唇修薄，唇峰是圆滑的曲线形，而将唇角线稍微提高。若使用明艳的橙色、粉红色系列效果更好。

改变厚度。双唇薄的女人，如使用鲜艳色彩的口红则可使唇部突出而丰满。上薄下厚的嘴唇，可用深色描绘下唇，再用亮度高的口红涂抹上唇，即可起到平衡上下唇的作用。

至于厚唇者，可用深色唇笔强调唇峰的角度，唇线可加宽些，只在剩下的部分将唇形以带锐角的直线形涂唇膏。

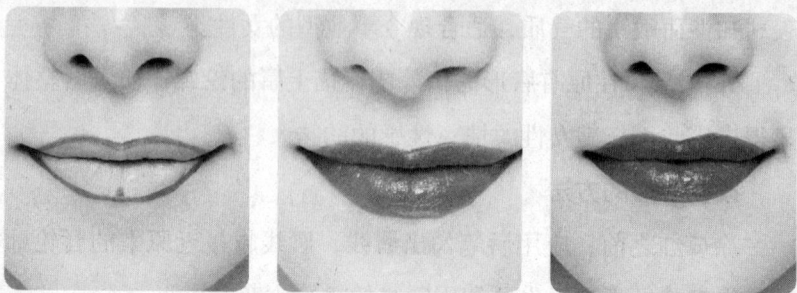

改变"苦相"唇。下垂的唇角没有笑意，是不会令人愉快的，要加以改变并不十分容易，最好是将唇角拉平。方法是把下唇画得丰满些，近唇角处画得稍厚些；而上唇角处两边修薄些，形成上薄下厚的嘴唇。还可在上唇角处用唇笔涂上一点，使之有上扬的感觉。

唇上有纵纹如何涂口红

嘴唇表面纵纹多的人，口红容易进入纹中，顺着纵纹渗进去，使嘴唇轮廓线模糊，也会形成嘴唇色彩斑驳，影响美观。

用油分少的铅笔型唇笔描唇廓线，可以限制口红的渗开，另一种方法是，淡抹一层口红之后，用纸巾或纱布轻轻在唇上按一下，吸去口红中的油分，然后再涂一层，再用纸巾按一下。吸去油分之后，唇面上只留下油分很少的口红颜色，就可以降低渗开度。

唇部纵纹会影响美容效果，化妆仅是弥补的权宜办法。要根本解决问题，应加强对嘴唇的保护。形成唇部纵纹的原因之一是干燥，因此，要经常搽滋润膏，保持唇部的湿润。

强调红唇的重点部位

上下嘴唇的突出点是"晶"字形，上嘴唇的上唇结节、下嘴唇的中间两点，有如黄豆大小的三个凸起点。这三个凸起点明显的人，嘴唇的立体感强；三个凸起点不明显的人，唇形则平直。如果要使嘴唇生动，呈现出立体形象，就应该用口红色来塑造出红唇的重点部位。位于人中线下的上唇结节，是整个上嘴唇的最突出点，可以涂浅亮色口红，并用同样的口红涂在下唇的凸起点上，然后在其余部位涂上略深一些的口红，但要注意亮色与暗色的自然过渡。

鼻部化妆的诀窍

鼻子处于面部的中心位置，它对面部的美观起到十分重要的作用。因此，对鼻子的化妆就显得非常重要。

鼻影，让鼻子更有立体感

美丽的面庞多半拥有较深的轮廓，也就是较立体的五官；而鼻子从整个面部来说，是左右美感的焦点之一。

由于东方人的鼻梁多数不够立体，这就必须仰赖化妆术——添饰鼻影，来强化鼻子的美观。

化妆时，上鼻影与否，对形象的塑造有很大的不同。

如果你的脸部在画了眼线、涂好口红后，仍不易产生立体感，不妨加上鼻影，试着将脸庞轮廓加深。

鼻影的修饰与鼻子的高低无关，且任何人皆可尝试。

虽然鼻影是加强轮廓不可或缺的技巧，但若修饰得太深，反而会显得唐突，效果不佳。

尤其是两侧鼻影的间隔太窄、中心线太浓时，都不是正确的化妆法。

上鼻影时，一定要浓淡合宜。鼻端细微的部分必须借助指尖，使色彩层次散开，界限模糊。

基本的化妆法是由眉端下方至眼端下延长线的尽头为止，以缓曲线烘托，颜色采用与肌肤相近的淡棕色。鼻梁中心线加上明亮的色调。

为了造成脸部的立体感，除了不可忽略鼻影外，最重要的就是要了解自己的脸部骨骼、长相。画鼻影时必须以中型刷子笔直地刷涂，刷涂的方法也是成败的关键。最好选用无亮色成分的淡茶色涂在眉头与眼首间的凹陷处，而避免用灰茶色或带红的茶色，以免不自然。

改变鼻子缺点的化妆法

掩饰长鼻子的化妆法。长鼻子会使整个脸庞显得偏长，影响美观，如果运用化妆手法将其变短是十分理想的。这个方法也比较简单，在施鼻影时，从眼角开始向上眼睑方向晕染开，但注意眉头处不要染到，这样就会使鼻子看起来缩短了许多。

使短鼻子显长的化妆法。短鼻子会使整个脸庞看上去很紧密，缺少间隙，好像五官都挤在了一起。如果用化妆的方法将鼻子拉长，就会弥补脸的不足，使脸庞变得匀称动人。这种化妆方法是：从眉头开始纵向施鼻影，并向鼻尖处伸展，让眉头阴影与整个鼻影连在一起，造成纵向伸展的感觉，就会在视觉上拉长鼻子。

使宽鼻子变细的化妆法。过宽的鼻子显得笨拙，影响美观。如果把它变得狭长会给整个脸庞增添许多魅力。它的化妆方法比较简单，主要是在鼻梁下方薄薄地涂上淡淡的色彩，并加以匀染，用渲影法使鼻梁两侧形成峭壁状。

使歪鼻子端正的化妆法。有些人的鼻子存在一定角度的倾斜，给脸庞带来不端正的感觉，尤其在化妆时显得十分明显。这时可以通过施鼻影的方法去校正它，使它变端正。方法是：在上部偏过去的一侧边缘阴影要强些，鼻翼处偏过来的一侧阴影要强一些，这样上下相互补充就会产生鼻子端正的感觉。

使鼻子高耸的化妆法。这时主要运用渲染法进行鼻骨造影，然后在鼻梁部分用匀明法使其明亮起来，这样在视觉上会有鼻子高耸的效果。

用于鼻影化妆的颜色比较多，传统的颜色是棕褐色或灰色，其实只要看起来自然，在颜色选择上可以灵活一些。

施用时，阴影颜色从鼻根往鼻翼方向涂抹，并向下眼睑方向，薄薄均匀地抹开晕染，并和粉底渐渐融为一体，然后用极少量的明亮颜色在鼻梁部分点染涂抹，用手指轻轻擦，使它渐渐和鼻影阴影颜色融合。

眉部化妆的正确方法

画得过粗的眉毛，并不好看，用细眉笔随便画的眉，也不漂亮，那么，如何画眉才会显得恰到好处又为形象加分呢？

根据脸形来画眉

平时画眉，主要在于好看，使脸部更美，使形象更迷人，所以与自己的年龄、脸形相配即可。现在列举几种基本的脸形与眉形的配合方法：

尖形脸的眉态化妆。也就是逆三角形的脸，这种脸形多半是瘦人居多，为了使脸颊看起来不至于消瘦，可将眉头往中间稍加一些，画法与方形脸正好相反，使重点集中在额头，脸颊自然就可以显得胖些了。

长形脸的眉态化妆。长形脸的眉毛应画平，只能稍微弯一点，不必画眉峰，眉与眼头成直线，这样可以缩短脸的长度。

方形脸的眉态化妆。方形脸的腮骨较大，为了平衡腮骨的凸出，可将眉头稍许往外移一点，眉峰也跟着往后移，眉毛较短，像这样将眉毛往脸的外围移去，腮骨也就可以显得小些。

椭圆形脸的眉态化妆。眉头应与眼头成直线，慢慢高起，至眉峰处往下斜，眉峰应在眼球的外围。眉头较粗，眉尾较细，这是眉毛标准画法。

圆形脸的眉态化妆。眉部和眼头成直线，逐渐往上挑高，直到眉峰处再往下画，眉峰在眼睛的正中心，这样使圆形的脸看起来比较长。

气质与眉形的画法

眉毛是眼睛"框子"的另一部分，眉的形状非常重要，它能使你看起来或快乐或悲哀，或懦弱或勇敢。

因此说，由眉、眼线、眼影的描画，可以显出你不同的气质与个性。下面介绍 5 种不同的眉形气质的画法。

年轻而富健康美。眉描成粗的直线，眼线沿着眼睛描短一点，把眼睛描成圆形，眼影用黄色和绿色，眼睛弄成亮亮的，口红用橘红系的火焰色，这样就显得年轻。

富有魅力的美。眉描得粗而淡，眼线画到眼尖约 3 厘米为止，以后的部分沿着眼睛自然描绘。假睫毛先把它卷曲再粘上去，特别强调眼尾部分。眼影用绿色，弄成模糊，强调眼睛的美。口红把嘴唇描成小山字形，像樱桃似的。因为眼睛的美非常可爱，再加上珊瑚色的口红，更加显出魅力。

富有个性的气质。眉描成细长而带

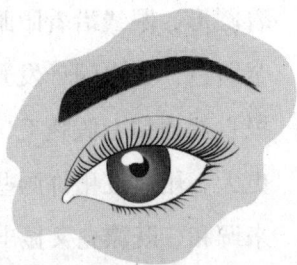

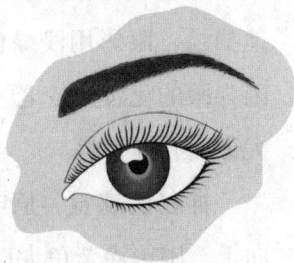

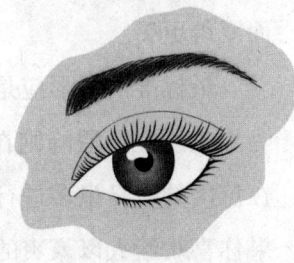

着圆形,眼线沿着眼睛描绘,眼尾的地方,稍许向下垂。眼影用金黄色,显出闪烁发光的双瞳,上面粘上双重的假睫毛,下面也极自然地粘上假睫毛,可以使眼睫毛和金黄闪烁发光的眼影显得更大。用口红稍许画些轮廓,稍许丰满一点。用浅褐色系的口红来调和,既漂亮又显出个性美。

富有理智的气质。眉梢微描细点露眉角,眼线沿着眼睛自然地描绘,眼影用浅绿色。涂口红时,嘴角稍许向上,颜色浅些,因为眼的化妆比较老气,所以用新的口红颜色来调和,显得端庄大方而有理智感。

神秘的感觉。眉毛描成细而长的弧形,眼线在眼尾处稍许向上,眼影涂紫色大而晕开色,再涂银色。紫色的眼影和银色相配,可以显出神秘的美。为了配合眼睛的化妆,所以口红用的是浅的粉红色系,令人有冷若冰霜而又蕴藏着神秘的感觉。

让眉毛显示独有的个性

眉毛最富于性格特点,画眉时如果能将眉形与个性气质、脸形特点和化妆定位结合在一起,就能使你的妆容呈现独有的个性。

俗话说,眉毛的形状决定女人的容貌。不少人因为改变眉形而变得更美。

最标准的眉形应是自眼首开始,至眼眉及鼻翼延长线交接点为眉毛所在,眉峰则在其2/3处。但这不是绝对的。你完全可以在悠闲的时日里多进行一些尝试,找出适合自己的漂亮眉形。如果你喜欢给人以豪爽的印象,就要把眉画得直一点;如果你喜欢别人觉得你温和善良，可以把眉描得弯一点；如果你想给人一种聪明能干的印象，可以把眉略微描得竖一点。

描眉前首先是设计眉形，以眉弓骨为中心，上下平衡是最理想的。对于不同脸形的人，在此基础上可进行演变。

如圆脸形人的眉毛稍向上挑，长脸形的眉毛可稍平些，额头较宽者眉形可设计得略长，双眼距离过远时还可适当加长眉头等。然后将少许清洁霜涂在眉毛上，用酒精轻擦局部皮肤，用镊子或小型止血钳拉紧皮肤后从内眼角处的眉毛开始，顺着眉毛生长的方向按已设计好的眉形修眉。

修眉时，眉头、眉弓的最高点及眉梢处应特别细致。

眉毛上下边不一定修得太整齐。整个眉形要体现出从眉头至眉梢逐渐变细。

两侧的眉形一定要修得高低宽窄一致。眉毛修好后，用酒精棉球擦拭消毒。待干后可少许涂些紧肤水，并用眉刷梳顺眉毛，使修整后的眉毛看上去更加柔和自然。

也许有的人会觉得眉毛不起眼，但是眉毛修饰得漂亮与否其实对一个人的形象也是十分重要的，所以，别让眉毛影响了你的形象。

眼部化妆的技巧

眼睛是个人形象的重点，它是最传神也是最有表情的部位。如果你想让你的形象更有魅力，那么一定不能忽视眼睛的美化。

具体来说，眼部的化妆有以下几个技巧：

两眼距离太近的化妆

两眼太靠近，会使人产生愤恨、忧虑之感，个人形象会大大扣分，必须通过眼部美化消除之。其要点是，把美化的重点部位放在两眼的外围。

在两眉之间，可用眉钳将多余的眉毛拔去，使两眼间的距离显得稍远一些。还应在双眼的内侧及鼻子外侧涂上粉底。

涂眼影时，可在上眼皮靠近睫毛处涂抹一层淡淡的明亮眼影，在其外部至眉骨处，涂以较柔的暗色调眼影。应将两者抹匀、揉开，以免留下较明显的分界线。

画眼线时，可从上眼睑内侧中央稍外处开始，往外画至眼角。

涂睫毛膏时，也应强调两眼的外侧部分。上下睫毛均应从靠外侧处开始逐渐加浓，便可将两眼距离拉远一些。

两眼距离太远的化妆

同两眼距离太近的化妆法相反，两眼距离太远的化妆的方法是把重点放在双眼的内侧。

选用的眼影宜为暗色调的。涂时，可从双眼间和鼻子外侧处，往上涂抹，至眉毛下部。靠近鼻子处的眼部宜抹稍深色调的眼影，令靠鼻子处感觉深而重；眼尾处则宜用稍柔和些的色调。

画眼线时，也宜用暗色调的眼线液。可从眼睑内侧内眼角处开始，较清晰地画至眼睑中央，再往外画时则逐渐变浅些。

可在眼睛中央加上假睫毛。涂睫毛膏时，也宜在睫毛中央部分涂刷。

眉毛与眼睛距离太近的化妆

眉毛与眼睛相距较近的人并不太多。化妆时，当然应尽量令人不去注意太窄的上眼皮，可用眉钳略微拔除一点双眉下侧的眉毛。

在涂眼影时，应选用中间色调、稍亮些的眼影，可涂在眉骨附近，切不可太靠近眼睑及眉骨。

画眼线时，应突出下眼睑的眼线。宜用蓝色的眼线液画眼睛内侧的眼线，可令眼睛白的部分明显、黑的部分突出，使人注意力集中在眼珠上。

涂睫毛膏时，可以涂浓一些，如能戴上假睫毛就更好了。

眼角下斜的化妆

利用化妆整理眼形，一个方法是强调原来的形象，加强自然印象；另一个方法则是适当改化，使它接近于标准眼形。有的人使用第二种方法，以化妆品来掩盖自己眼形的缺点，但旁人看来反而有失去了原来魅力的感觉。因此，下斜眼也未必一定要修整和改变，最好还是在自然印象上多花心思，化出最合自己的眼妆。

掩盖下斜眼，重点是眼头方向要有降低的感觉。化妆时眼头的眼线和眼影都要略微画低一点，而眼尾的眼线和眼影则略上扬，这样就平衡了。如果只顾改作上斜，把眼尾线向上扬，忽略了眼头的方向，是不会显得很自然的。相反，上斜眼的调整是把眼角上的眼影染高一点，眼睑、眼尾处的眼彩和眼线弄宽一点。

小眼睛的化妆

眼睛的大小，主要取决于眼裂的大小。要让小眼睛显大，就必须用视觉造型的手段，运用色彩与线条的变化，来增加小眼睛的神采，使小眼睛外形轮廓与眼部整体结构形成新的形象。但各人的眼形和条件不同，化妆的方法也不可能一样。

涂眼影、画眼线、上睫毛液，使眼睛生动传神，以神韵和力度、色彩和光彩弥补眼睛小的不足，颜色和线条的深浅粗细要适度，不要过分。

眉毛不要描画得太粗或者太深，这会使得眼睛在与眉毛的对比之下显得更加小而无力。眉毛应作为眼睛的陪衬，修饰得纤细、自然。

可以强调眼睑的边缘线，即用画眼线的方法使眼睑放宽和加长。适当加深和画宽眼睑的边缘线，可以增大眼裂的视感，上眼睑的眼线在外眼角处极自然地向外侧延伸，也可以扩大眼裂。在画下眼线时适当浅淡一些，在外眼角处呈水平状逐渐消失，不必与上眼线会合，以免使上下眼线将眼睑边缘框得过于死板。

从上眼睑边缘开始涂深色眼影，慢慢向眉毛处逐渐变淡；下眼睑涂浅色眼影，有扩大巩膜之感。但是，用颜色改变眼形有一定的局限性，而且过分了会适得其反。如果下眼睑涂的颜色太浅就会成为难看的"翻眼皮"，所以，在色彩的深度、面积的大小上都要严格把握分寸。

卷睫毛和涂染睫毛液，可以扩大眼睑缘轮廓线，使眼睛看上去显得大而亮。

圆眼睛的化妆

由于使用眼影会使眼睛看上去变宽一些，所以，圆眼睛的人应选用浅淡色调的眼影。

在涂眼影时，可以用一种颜色的眼影涂满整个眼皮，从眼皮中央开始向斜上方一直涂到眉骨处。在下眼睑中央以下至眼尾处，可用眼影抹成晕头，使上下眼线在眼尾处相交成三角形。而后，可用同色系的、较暗些的眼影涂在眼窝线上，其尾部应与眉毛平行。

画眼线时，整个眼睑均应画上，可用深色的眼线液，并往双眼眼角外稍稍延长画一点。

涂睫毛膏时，只在中间和外眼角涂即可，靠近内眼角的睫毛不宜涂，但内眼处应涂上少许。

妆容持久的小技巧

临时想要化个不必补妆的持久妆，而手边却没有持久性彩妆，只要运用一些简单的小技巧就好了。

粉底不浮粉小技巧。若用粉底霜或粉底液上妆，最好以海绵垂直轻弹的方式，让粉底与皮肤更融合，粉底也就比较持久。

如果用两用粉底上妆，应将海绵拧至八分干后，按一般步骤上粉底，接着用干的海绵，再上一次粉底。第二次的粉底可代替

蜜粉，这样粉底不易浮粉。

蜜粉紧贴小技巧。粉扑蘸适量蜜粉，先拍打脸各处，再以按压方式上蜜粉。

眉毛定型小技巧。首先以眉笔画出眉形，用细的眼影笔蘸点水，将眼影笔挤成九分干时，蘸点眉粉或眼影粉，顺着眉毛的形状轻刷眉型。少许的水分，可以让眉粉更轻易地固定在你的眉毛上。

眼影不脱落小技巧。上妆时，眼影部位也要上粉底。眼影刷或眼影棒蘸少量的水，用面纸将眼影刷上附着的水分吸掉，眼影刷快干时蘸上眼影粉，以按压的方式上妆。如此眼影不易落粉，眼影的颜色更好看。

眼线笔持久小技巧。眼线笔持久度不如眼线液，不过只要在用完眼线笔后，在眼线上再盖一层眼影粉，就能通过这层眼影粉让眼线更持久。在上眼线之前，先在眼线部位上一道蜜粉，也能得到持久效果。

腮红定妆小技巧。上完粉底后，用手指蘸膏状腮红，淡淡地在颧骨处晕匀后上蜜粉，最后上与膏状腮红颜色相近的粉状腮红即可。

第三节 ❧————

做"秒杀"不同场合的百变女人

得体妆容的"8字箴言"

每个女人都应该学一些基本的化妆技巧，这是女人爱自己的一种表现。化妆不仅能改变女人的外在形象，还能改变女人的内心，让女人更自信、更从容地面对人生。爱美而聪慧的女人都应该懂得用化妆来弥补容貌的缺憾，色彩、线条、层次……这些化妆技巧能让女人瞬间焕发光彩。

看看下面的"8字箴言"并加以熟练运用，你也可以成为化妆高手。

正确：正确是化妆最基本的要求，是化妆一定要把握的基本原则。比如画眉毛，要知道眉毛正确的起始点和高度、角度等原则，否则即使你画得再用心，也难免会给人不顺眼的感觉。一般来说，眉头的起始位置和内眼角的位置是一致的，"三庭五眼"所说的"五眼"便是在两个眉头之间可以放下一个眼睛的长度，如果眉头超出内眼角，两眼之间距离过短，人会显得压抑，相反，如果两眉间距离过宽，人会显得呆板、缺乏活力。因此，在初学化妆时，一定要搞清楚各部位化妆的基本要求。

精致：精致其实是化妆过程中比较容易达到的，只需要在化妆过程中多一些细心和耐心，再加上每时每刻保持形象不松懈的意识，就能使自己的妆容给人以精致的感觉。比如涂口红时一定要注意边沿是否整齐清晰，粉底是否薄厚均匀，有无浮粉现象，眉毛修得是否整齐，有无杂乱现象，等等。要做到精致，需要的只是你的反复练习和坚持不懈。

准确：准确是在正确基础上的进一步要求，掌握了正确的化妆原则，在具体操作时还要做到准确，准确地把正确的化妆原则体现出来。比如说唇形化得好不好，不能单从大小、厚薄等方面来评价，还要学会与自己的脸形、气质及将要出席的场合相匹配。要达到准确的化妆效果，需要经过充分的练习。

和谐：和谐是化妆的最高境界，和谐的妆容能自然而得体地表现出你的个性和品位。和

谐包含三个层面，一是妆面的和谐，表现在各个部位的化妆上，风格、色彩都要统一，比如眉形如果是属于柔美型的，那么唇形也要画成柔美型的；如果眼影是暖色调的，那么口红也要相应地涂成暖色调的，这样才能在整体上达到一种和谐的效果。和谐的第二个层面是妆面与整体形象的搭配。面部妆容要与你的发型、服饰、饰物等相搭配。和谐的第三个层面是妆容与外环境的和谐搭配。比如你要表达的气质、情感，将要出席的场合，你的职业，等等。

化妆不仅仅是一种美化外表的手段，同时也是情感的表达，它可以体现出女人的生活态度。妆容精致的女人能够传达出她热爱生活、尊重别人、在乎自己以及积极的生活态度，这样的女人往往具有无穷的魅力。

面试妆容，自然、自我

面试时的妆容应该既自然又能显示出你的精神面貌，因此，不论是眼影、腮红或唇膏，在选择颜色时，最好以清新的粉色系或是大地色系为主，再搭配整齐的眉形，刷得干净又有精神的睫毛，能够让你精神饱满、充满自信地面对面试。

亲切活力面试妆

步骤1：用刷子蘸取浅紫色的眼影，在上眼睑以平涂的方式涂刷。用小号刷子蘸取高光粉或者浅米色眼影涂在内眼角的位置，突出眼部的明亮程度。选择黑色的眼线笔勾画眼线，下眼影的位置也可以用紫色勾画，从外眼角过渡到内眼角，要细细地化。

步骤2：选择自然色的粉底液打底，再用珠光蜜粉定妆。呈现自然、清透、质感又非常好的肌肤状态。

步骤3：用桃红色的腮红打在笑肌位置，这样会令妆容更柔和，给人亲切感。

步骤4：嘴唇，选择橙色的唇彩，与暖色调的妆容协调，晶莹亮泽的嘴唇会增添年轻朝气。

步骤5：发型的色彩偏重一些。可扎到一起，然后偏到一侧，呈侧马尾，显得大气。刘海的处理要简单，不要有过多的碎发。

这款妆容色彩比较淡，所以要通过重点突出眼睛让整个妆容有亮点。新手不要用眼线液来画眼线，它不好掌握，又容易出错。画眼线的时候不要画直线，而是曲折地将睫毛间的缝隙填满，这样可以让双眼迅速明亮起来。选择紫色、浅橘色会给你一种亲切、温暖的感觉，同时不失可爱，也不至于太过幼稚。这种柔和的颜色没有深色系的那种严肃和强势的感觉，比较适合资讯业、传媒业、客服等职业。同时在选择紫色眼影时，女性朋友们要注意珠光感不要太强，浅色的紫色即可。

庄重型的面试妆

庄重型的面试妆有以下几点需要注意：

（1）即将面试时的化妆防御法。在粉刷上蘸点粉底盖住毛孔后，经过长时间的面试面部出现红晕的部分用粉刷再在上面进行涂抹。

（2）防止晕染的眼部粉底。要是担心眼线和睫毛膏会晕染的话，可以预先做出防备措施。沿着下眼线部位涂上杏色眼部粉底，就能起到防止油脂分泌的保护膜的作用。

（3）能让妆容变得更加自然的腮红刷。要想得到能产生好感的形象的话，腮红刷是必需品。比起画圆圈的方法，还不如能强调你面部轮廓的方法，即从颧骨下方开始往上呈 90° 的形态进行擦拭的话效果会更佳。

（4）唇部化妆。在面试时不可避免地视线会到唇部上面。抹完唇膏后用棉棒整理好唇线，然后在上面涂抹唇彩，最后再用纸轻轻擦掉一些，这样就能得到自然又富有光彩的唇色了。

另外，成功面试妆还应注意以下几个小点：

肤色要干净

不少人的皮肤都会有出油问题，如果顶着一张油光满面的脸去参加面试的话，不仅会减弱自己的自信心，同时也会给面试官留下不好的印象。如果想控制皮肤的出油问题，那么粉底的选择就至关重要了。女性朋友们可以选择控油、持久不泛油光的粉底液；颜色是与肤色相近的自然色，不要选择偏白偏暗的（小麦色）。肤色偏红的可以选择淡绿色的蜜粉修饰，肤色偏黄的可以选择粉紫色的蜜粉修饰，珠光较强的也不要使用。还要注意脸部的颜色与耳朵、脖子的色调一致。

色彩淡雅自然

在面试时，要展现年轻人的朝气与干练，也要显出沉稳的专业度。最好不要画上太多种鲜艳或浓丽的色彩，浓墨重彩是大忌，清爽的粉色、橙色系列最适合。太过抢眼的红色、绿色、蓝色、黑色，尽量不要选择。柔和的色彩或者加一些珠光感的眼影都可以。

眼妆需要特别注意

最好选用中性色调的眼部彩妆，才不会与肤色形成过于突兀的对比；褐色的眼线及两层薄薄的睫毛膏是相对安全的方式。

避免涂颜色过于强烈的唇膏

颜色太过强烈的唇膏会分散主试者对你的注意力。女性朋友不妨选用色彩较不鲜艳但亦不需要经常补妆的中淡色的唇膏。如

果本身非常适合搽红色调的唇膏；面试时当然还是同样选用此类色调的口红。不过或许可以考虑将彩度稍微降低，以你平常使用的红色调唇妆产品混合褐合调的唇膏即可。

妆容应尽量保持柔滑

为了使妆容更柔滑自然，可以在自然光下看看是否有粉堆积在脸上，如果有，可以就地用手将堆积的腮红和蜜粉轻轻压平，但是千万不能擦。此外粉红或玻璃色的腮红、唇膏或古铜色的蜜粉皆会造成惨白效果，最好避免使用橙色和绿色系的彩妆颜色。

职业妆，体现专业形象

办公室女郎们需要展现出神采奕奕的专业形象，因此整个妆面一定要给人非常干净的感觉。不要使用过于浓烈鲜亮的色调，这样与办公室的冷静气氛不协调。

打底

打底是整个妆面的关键。粉底务必要按照皮肤的肌理快速轻柔地推开，由上到下或者是从大面积再到细部的顺序都可以，一定要打得薄而透。

眉妆

眉毛要清淡自然，颜色跟发色越接近越好。眉形太过生硬或眉毛颜色太浓都会给人不易亲近的印象，所以画眉之前要先用眉刀修出完美的眉形。画完以后用眉刷顺着眉头至眉尾方向刷几遍，让色泽均匀。

眼妆

眼妆是整个妆容中很重要的一环。而眼妆的重点又在睫毛。先用睫毛夹把睫毛夹卷，然后刷上增长的睫毛膏。睫毛膏的颜色最好选择黑色的，大方得体。眼影可以根据你的肤色以及服装的颜色来选择。

唇妆

职业女性最好都备有口红。口红的色泽比唇彩、唇蜜等都要暗沉，但这样的颜色亮度才能够表现你的成熟美。可以用与嘴唇颜色接近的唇线笔先描出唇线，然后涂口红就方便多了。口红经常需要补妆，应该先用纸巾抹掉唇上余色，重新用护唇膏涂抹一遍再补色。

腮红

并不是所有的场合都需要涂腮红，但是腮红的确能让你有充满健康的好气色。职业女性因为工作压力或是缺乏锻炼带来的脸色苍白，运用腮红都能够很好地修饰。用腮红刷由太阳穴位置往嘴角方向斜刷上腮红，这样脸部就会有收缩的效果。霜状腮红用指腹就能轻松上色，切记一定要推匀。

不要忘记最后的定妆。用粉饼或散粉在脸上扑上一层薄粉就可以让妆容持久而清爽。

生活妆，淡雅、动人

生活妆比起职业妆更讲究淡雅，不妨来个流行的"裸妆"吧。裸妆并不是让你完全素面，而是更细致地描画，让你看起来不像化过妆，却比素颜更美、更动人。

底妆

底妆也是裸妆的重点，清透、自然是它的基本要求。选择与皮肤颜色最接近的粉底，肌肤颜色偏黄的人可以选择带有紫色或是粉红色的饰底乳，肤色偏红的人可以选择绿色的饰底乳。用手轻拍推匀，最好不要使用化妆海绵，否则容易产生厚重感。在T区用稍亮的粉底提高亮度。

眉妆

描画眉毛的重点是让眉头处尽可能保持原有的形状，看起来自然为佳。跟职业妆相比，裸妆不求睫毛乌黑浓密，而要求根根分明的自然感。取少量睫毛膏，轻刷上睫毛就可以。同样，裸妆的眼影不宜选用夸张的颜色，可以先用淡咖啡色的眼影分层次打出眼部的立体感，再用米白色提亮眉骨和眼头。

唇妆

唇妆可以选择与唇膏或唇彩颜色相近的唇笔，画出自己喜欢的唇型，再用唇刷沾上填满双唇。

确定了以上妆容，裸妆就大体完工，最后扑点散粉定妆。若是觉得气色不太好，用浅粉色系腮红轻轻打一下即可。

宴会妆，展现不一样的自己

晚妆一般也被称为宴会妆，之所以被称为晚妆，是因为化此妆容所处的时间基本上为夜里。化妆浓重而立体是晚妆的最大特点。与职业装和生活妆等日妆相比，晚妆有着自己的特点。

晚妆的妆色比较浓艳。因为晚间社交活动一般都在灯光下进行，且灯光多柔和、朦胧，不易暴露出化妆痕迹，反而能更加突出化妆效果。如果妆色清淡，就显不出化妆效果。因此，晚妆应化得浓艳些，眼影色彩尽可能丰富漂亮，眉毛、眼形、唇形也可作些适当的矫正，使其更显得光彩迷人。

化妆之前，先在面部和颈部涂一层滋润霜，以便发挥粉底的妆效。底粉的颜色一定要比自己的肤色深，再仔细地用海绵扑打妆底粉，使其均匀遮盖。如果眼下的眼晕很黑，应在打妆底粉前涂上遮瑕霜。

先将眉毛用眉毛刷整形后，沾些金色眼影在眉毛上。在颧骨凸出处，涂上浅色的虹彩光的胭脂；在颧骨凹陷处，涂上深色的不泛光的胭脂。为了在夜间显得更有光泽，还可以在颧骨凸出处原来涂有的浅色虹彩胭脂上面再加一层白金色的眼影，使其增加亮度。

眼妆也是晚妆的最重要环节，并且很强调眼影。在上眼睑部位涂上些眼影，并用眼影在眉骨与上眼睑之间涂出分界线，再用淡色和虹彩色眼影，使眉骨部的色彩亮丽起来。在上下眼睑画眼

线，颜色要深。因为深色的眼线在夜间更能衬托出眼睛的明亮和深邃。但须注意的是不要将整个眼睛画成圈，这样会使眼睛显得小。在下眼睑高出的地方，要用蓝色的眼影或眼线笔涂上几笔。然后分次涂上睫毛油。涂完第一层睫毛油后，用眉毛刷梳开睫毛，并除去多余的睫毛油，再用透明的蜜粉刷在睫毛上。

口红可以使用珍珠色或金色，使嘴唇显得更艳丽。

最后用淡色的眼影在鼻子、颧骨和下颌处，作最后的轮廓描绘；用白色眼影修饰双颊的顶端、鼻梁和下巴。最后用虹彩透明的蜜粉定妆，再用粉刷整理。

舞会妆，将最闪亮的你展现出来

舞会妆适合于灯光昏暗的舞会场合，因此化妆应为浓妆。粉底要遮盖力强，保持持久。眉毛可浓一些，深一些。眼部化妆可略夸张一些，用色可大胆些，可使用防水睫毛液。腮红可浓重一些，口红也可用明艳亮丽，甚至是珠光的。

此妆容的重点在于大胆施用绿色化妆金粉。

上粉底。可选用明亮的粉底油膏，涂得要多一些、厚一些，掩盖住脸部的瑕疵。

涂颊红。宜选用朱红色、玫瑰红色的胭脂，从眼向耳做放射状涂抹。越离眼睛近处越浓，逐渐变淡。

眼妆。化妆时，上眼皮晕染棕色，施色要薄；下眼皮尾处描入黑色眼线，在下眼皮眼线旁涂光泽唇膏，然后用棉签蘸上绿色金粉压上去。这一用法也可用于眉的化妆，使眼睛、眉毛闪闪发光。

睫毛膏可以以细致而耀眼的宝石色泽点缀于睫毛末梢，缔造全方位耀眼舞会妆的水晶妆容。

鼻子。鼻子略塌的人不妨以深色眼影画上鼻形，至于鼻子已经很挺的人，除非拍照，不要再强调鼻形。

涂口红。口红可选用玫瑰红色的唇膏，然后再抹光泽唇膏，再染入金粉。

发型可以随意一些，选择彩色喷发剂喷洒在头发上，以增加发型的华丽感，也可用假发，这对职业女性来说是最简便易行的办法。

指甲油可用艳丽的、闪光的颜色。

参加舞会时，难免会有出汗的情况，所以要随身带好化妆盒，以便随时补妆。

第四章 ❧

有怎样的气质，
就有怎样的人生

第一印象永远没有第二次

这是一个两分钟的世界

第一印象是你在与人初次接触时给对方留下的形象特征，心理学上称为"首因效应"。第一印象在人际交往中所具备的定式效应有很大的稳定性，一个人留给他人的第一印象就像深刻的烙印，很难改变。

心理学家研究发现，人们的第一印象的形成是非常短暂的，有人认为是在见面的前40秒钟形成的，有人甚至认为只有2秒钟。而在现实生活中，有时确实是几秒钟就可以决定一个人的命运。因为在生活节奏如同飞快奔驰的列车的现代社会，很少有人会愿意花更多时间去了解、证实一个留给他不美好的第一印象的人。

英国形象大师罗伯特·庞德说："这是一个两分钟的世界，你只有一分钟向人们展示你是谁，另一分钟让他们喜欢你。"现代社会，人们的生活节奏非常紧张，尤其是在商业活动中。"时间就是金钱"，如果你没有在见面的前两分钟给别人留下美好的第一印象，就不能奢求别人花更多的时间对你进行深入了解。因为人们已经在两分钟之内对你做出评判，并且决定了是否给你机会进行更进一步的交往。

如果你是一名业务员，你见的客户在第一时间就会判断他对你有没有好感。几分钟内的第一印象，就会决定下一次他还会不会见你。如果你穿着带有污渍的西装，匆忙中又忘记带会谈需要的资料，一副急匆匆的样子，说话也吞吞吐吐，感觉不清晰，那你的客户在两分钟内就会叫你走人，或留下一句敷衍的话，"如果我们有需要会和你联系"，你的拜访就彻底失败了，而失败也许就决定于你刚刚与你的客户握手的一刹那。

所以，不要小看这几分钟，这几分钟也许关系到你能否拜访成功，也许关系到你能否应聘成功，也许关系到你生意的成败……面试时，两分钟的时间不足以让你出示自己的成绩单、学

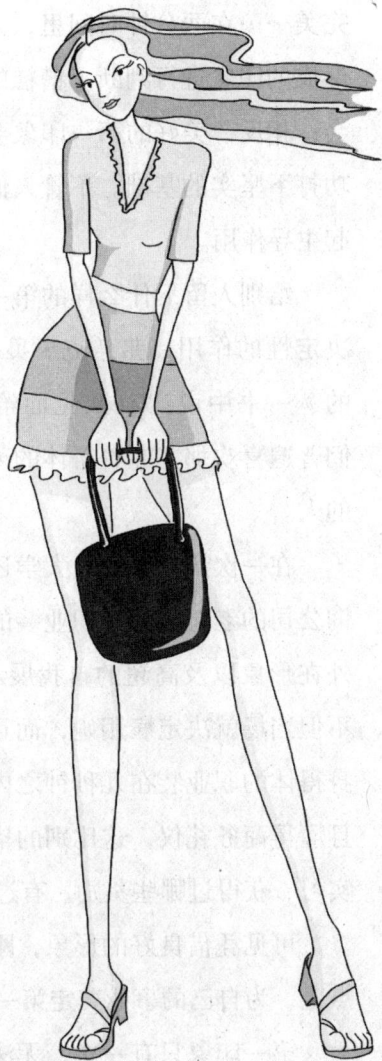

历证书以及各种能证明你的学识和能力的东西；洽谈业务时，两分钟的时间也不够向客户展示你的产品品质如何优良、性能如何完美……在两分钟时间里，人们几乎完全根据自己看到的东西所形成的印象进行判断。糟糕的第一印象会让你丧失潜在的合作机会；相反，美好的第一印象会帮你打开机遇的大门，为以后的成功打下坚实的基础。不管人们承认与否，第一印象总是在决策中起主导作用。

给别人留下什么样的第一印象，衣着打扮是否得体往往起着决定性的作用。弗兰克·贝德格在《我是怎样成功地进行推销的》一书中说："初次见面给人的印象的 90% 产生于服装。"人们普遍喜欢那些穿着得体的人，而厌恶那些穿着邋遢、不修边幅的人。

在一次招聘会中，大学还没毕业的小苏遇到了澳大利亚某咨询公司的老总。身穿职业装的小苏用她那知书达理、精明强干的外在形象以及高超的自我展示能力很快赢得了这位老总的青睐，不但当场就决定雇用她，而且还付给她研究生待遇的工资。她那身得体的职业装在几秒钟之内就可以让老总知道她有从业经验而且懂得商务礼仪，这比别的毕业生费时费力地讲述自己曾在哪里实习、获得过哪些奖励、有过什么业绩要有效得多。

可见凭借良好的形象，刚刚步入职场的你就能站在较高的起点上，为自己的事业奠定第一块基石。

第一印象只有一次，无法重来。不可能因身体不适、情绪欠佳而宣布改期重来。所以，一定要保持良好形象，在两分钟内成功推销自己。

培养快乐心情，树立乐观形象

人生是一种选择，个人形象也是一种选择。不一样的选择会有不一样的结果。你选择心情愉快，你得到的也是愉快，呈现在别人面前的也是一副快乐的形象。你选择心情不愉快，你得到的也是不愉快，当然给别人的也是一副不快乐的形象，甚至是悲观形象。我们都愿意树立乐观快乐的形象，不愿意给人悲观的印象。既然这样，我们为什么不选择愉快的心情呢？毕竟，我们无法控制每一件事情，但我们可以选择我们的心情，控制我们的形象。

每天清晨都告诉自己：生活是如此美好，我感到很快乐。懂得为自己歌唱、为生活歌唱、为生命歌唱的人，快乐就会紧紧相随。当你快乐时，周围的人受到你的感染，也乐得心情舒爽、开朗，自然喜欢与你亲近。

其实，快乐和悲观都很简单，就像吃葡萄时，悲观者从大粒的开始吃，心里充满了失望，因为他所吃的每一粒都比上一粒小。而乐观者则从小粒的开始吃，心里充满了快乐，因为他所吃的每一粒都比上一粒大。悲观者决定学着乐观者的吃法吃葡萄，但还是快乐不起来，因为在他看来他吃到的都是最小的一粒。乐

观者也想换种吃法，他从大粒的开始吃，依旧感觉良好，在他看来他吃到的都是最大的。悲观者的眼光与乐观者的眼光截然不同，悲观者看到的都令他失望，而乐观者看到的都令他快乐。

知道悲观是快乐的一大敌人之后，我们就要想方设法克服悲观的情绪，树立乐观的形象。如果你是那个悲观者，你不需要换种吃法，你只需要换一种看待事物的眼光。

生活中有许多为人所追求的舒适的物质享受、为人欣羡的社会地位、显赫的名声等。今日的青年人追求的"时髦""新潮""时尚""流行"，也是一种"世味"，其中的内涵也不离物质享受和对"上等人"社会地位的尊崇。专注于此，人就会像被鞭子抽打的陀螺，忙碌起来——或拼命打工，或投机钻营、应酬、奔波、操心……你就会发现快乐越来越远，自己很难再有轻松地躺在床上读书的时间，也很难再有与三五朋友坐在一起"侃大山"的闲暇，你忙得忽略了孩子的生日，你忙得没有时间陪父母叙叙家常。这虽然是令人烦恼的事，但你要试着从容面对得失，重新培养快乐的心情来面对一切。

有一个人，他觉得自己从小到大都是一名失败者，失败永远陪伴在他的身边，因此他从来都不快乐。他感到上天的不公平，于是，他决定去询问别人快乐是什么。这个人翻山越岭，来到河边，见到一位老翁，就走过去问："老人家，快乐是什么？"那位老人回答他："快乐就是每天都能钓到鱼，那就是快乐。"这位年轻人继续他的旅途，他渡过了河，来到了森林中，遇见一个正在打猎的中年男人，就问他："快乐是什么？"那个中年男人回答他："快乐就是每天都能捕获野兽。"

在每个人的字典里，对快乐的定义和认识都不一样。很多人之所以不快乐，因为要严于律己，所以对自己的要求与批评就很多，期望也就过高，常常造成否定自己的心态；认为自己很多地方都不够好，因此也没有理由让自己快乐起来。久而久之，就产生了自卑感，失去了自信心，认为自己的存在没什么价值，因而活得非常消沉，甚至厌世。可能由于我们太渴望成功，总以为只有取得了成功我们才会快乐。也正由于此，我们可能会给自己设定一个很高的目标，认为实现了这个目标人生才是成功的，同时我们也因为眼睛只盯着这个目标，忽略了身边很多美好的和值得珍惜的事物。成功的希望是好的，但不要让它限制了我们的目光和心情，有的时候如果我们把眼光关注于自己力所能及的事情上，也许生活在你不同的眼光里就会变得快乐起来。

快乐的人生态度，总能使人把不幸化为一种机会。哈里·爱默生·佛斯狄克曾说："真正的快乐不一定是愉悦的，它多半是一种思想上的胜利。"没错，快乐源自一种成就感，一种自我超越的胜利，一种将酸柠檬榨成柠檬汁的经历。有了快乐的心情，你就拥有了乐观的形象，拥有了生命的勃勃生机。

微笑使对方在第一时间喜欢你

纽约一家证券公司的负责人脾气火暴，待人比较刻板，以至于影响到他的下属，大家都对他敬而远之，而顾客对他的公司也有意回避。在经营不善的情况下，他去一家咨询公司讨教，领回的锦囊妙计竟是微笑。于是他从自身做起，脱胎换骨，无论早晚，也不分是在门口或在电梯中，遇到顾客或普通的员工，先满面笑容，然后再和人打招呼、谈工作。令他始料不及的是，上行下效，整个公司的人际关系都发生了改变，凝聚力增强了，营业额上升了。微笑给他带来的不仅是好人缘和影响力，还有丰厚的利益回报。

笑是人间最美的表情，是人际关系中最好的润滑剂，是极富影响力的社交武器，拥有如沐春风的微笑胜过千言万语。

在日常生活中，如果你所遇到的人整天紧绷着脸，没有快乐和笑容，那就如同置身于荒漠中看不到绿洲一样单调乏味。而一个人如果能在交往中自然地造成一种和谐融洽的气氛，并慷慨地把自己的快乐和温馨带给相遇的人，那他一定会具有很大的影响力，在社交中立于不败之地。

在这个世界上，人人都希望别人喜爱自己、尊重自己、对自己友好，而微笑就是你对人对己的唯一选择。因为微笑能拉近人与人之间的距离，能融化人与人之间的坚冰，能消除已经产生的矛盾或仇怨。在一定程度上，微笑是生活中人人都不会拒收的礼物。

俗话说得好，"笑一笑，十年少"。人们的微笑就像荡漾在人际交往间的春风，笑口常开，春风常在。

在社交场合，微笑具有对应性，真诚的微笑是识友交友的见面礼，是闪烁在人际交往十字路口常明的绿灯。有一副对联写得好："眼前一笑皆知己，举座全无碍目人"，可见笑在重要场合的非凡影响力。

微笑是一笔财富。世界著名的希尔顿饭店创始人康拉德说："如果我的旅馆只有一流客房，而缺乏一流微笑服务的话，那就像一家永不见温暖阳光的旅馆，又有何快乐情绪可言呢？"因此，国外许多公司或者企业的经理，在员工的选择方面，都把笑容可掬放在一个重要的位置上。

微笑是事业的风帆。在人际交往中，先笑赢三分。你办事是否顺畅，在很大程度上也取决于你会不会笑。

真诚的微笑会使人与人之间感到亲近。一位同事向你微笑，你会不还一个微笑吗？一来一往，无形间就缩短了两个人的社交距离。倘若遇到的是一张"哭丧脸"或"死人脸"，你会打心眼里厌恶，绝对不会喜欢和这种人打交道的。

的确，在人际交往过程中，微笑、快乐的笑、开心的笑，都是散发善意、表达好感的表现，可以增加一个人的影响力。常常面露笑容，会让朋友觉得你是可以亲近的人，同时也可以从和你的互动过程中获得肯定与慰藉。

世界语言千百种，笑却是世界上通用的，而且是最受欢迎的语言，一个发自内心的笑容可以拉近人和人之间的距离。它是一种良性循环，因为我们的笑，我们和朋友亲近了，人缘变好了，自然而然心情愉快，更可以在朋友的笑容里重拾我们的自信心，无形中散发出吸引人的影响力。

笑，是心情愉快的"皮相"表现，也是"善意"的表情，具有穿透人心的力量；不吝啬笑颜，你将能感受左右逢源、处事逍遥的喜悦。微笑、快乐的笑、幸福的笑、开心的笑，都是充满善意、好感的表现。笑口常开，你将拥有无比的影响力，你将会给别人留下更好的形象，让人在第一时间就喜欢你！

热情大方的形象更深入人心

有热情才会有希望，生命中充满热情，生活每天都充满阳光。因此，我们要做一个永远充满热情的人，即使遭遇挫折，也不能失去对生活的热爱。

社会环境是复杂的，它不仅使你尝到生活的幸福甜美，也让你领略一些艰辛，迫使你经受各种各样困苦的磨难和打击。面对这种情况，一些感情脆弱、意志不坚强的人，在心理上就会产生矛盾，变得动摇和厌烦，甚至看破"红尘"，于是生活的热情被压抑，原有的理想、信念统统被扔掉了，他们变得冷漠无情，万念俱灰。

其实，社会本来就是个五颜六色的大拼盘，人生道路不可能总是一帆风顺，只要你心中爱火不熄，热忱就不会失去，光明终会到来。因此，我们首先要有远大的理想和坚定的信念，并以此点燃心中爱的火炬。

一个人总要生活在一定的社会环境和群体之中，离群索居、摆脱对社会和他人的依赖是不可能生存的。既然如此，如何改造和发展自己所处的社会环境，如何关心他人、帮助他人，以期相互依靠、共同生存，就成了一个人对社会和他人应尽的义务和责任。当然，满腔热情地为社会和他人服务，这本身就需要付出汗水、努力追求，需要时时克服和摆脱私心杂

念的干扰和阻挠。从这点看，生活和成功的道路上碰到点麻烦也属正常现象。因此，要激发自己对生活、对社会、对他人的责任感。

爱自己，并不意味着孤芳自赏。关键在于要将这份爱献给他人，使他人感到温暖，这样才能使自己与他人情感相融。"人非草木，孰能无情"，一般说来，在爱心感召下，人与人之间是可以互相关心、互相爱护、互相谅解、互相帮助的；你关心他人的疾苦，他人也会帮你分担忧愁，你将喜悦带给他人，他人也会与你共享快乐。只要你将自己的爱心无私地奉献给他人，得到的回报一定也是他人对你的厚爱。

哈佛大学教授威廉·詹姆斯说："热诚可以改变一个人对他人、对工作、对社会及全世界的态度。热诚使一个人更加热爱生活。当你学会热诚，学会对自己的学习拥有热情，这样在构建成功大厦的时候，你才会打牢自己的地基。"因此，热情待人，热情对待生活，你就会眼睛发亮、脚步轻快，心灵上的皱纹就会消除，你的好形象也将更深入人心。你在照亮别人生活的同时，你个人散发的磁场和吸引力就更加大，你的生活也会变得更加美好。

让你自己看起来像个成功者

打造自己的外形

"看起来像个成功者"能够让你感受成功者的自信；激励自己走向成功，像成功者那样行事。因而，当成功的机会到来时，你就是个成功者！

成功的外形是一个人无形的资产，"看起来像个成功者和领导者"，那么幸运的大门会为你敞开，让你脱颖而出。对外进行商务交往时，由于你"像个成功的人"，人们可能愿意相信你的公司也是成功的，因而愿意与你的公司进行交易。

为了取得成功，你必须在脑中"看"到你正在取得成功的形象。在脑中显现你充满自信地投身一项困难的挑战的形象。这种积极的自我形象反复在心中呈现，就会成为潜意识的一个组成部分，从而引导我们走向成功。努力在外表上塑造"像个成功人士"的例子数不胜数，因为他们深刻理解"看起来像个成功者"的形象对事业有多大的促进作用。

一位企业老总在 20 世纪 70 年代末上大学时，就有着强烈的

"领导意识"。他认为伟人具有散发着魅力的外形和举止，他开始模仿某位伟人的举止和仪态，通过练习腹腔发声，他把自己原本并没有权威感的脆弱音质改为具有磁性魅力的浑厚的男低音。在1995年他又有了国际领导人的新意识，他请了形象设计师，为自己设计具有国际标准的世界巨商的形象。他完全接受国际化的商业形象理念，无论是西装还是休闲服，他只穿能够衬托一个领导宏伟气派的高质量、有品位的服装，他还不放过每一个细节。如今，无论在外观、口音、思想意识上，他都更像一位来自华尔街的金融家。

人们都希望成功能够早一点到来，而树立良好的形象就是其中的方法之一。在成功之前我们就要树立一个成功者的形象，因为成功的形象会吸引成功。

增强吸引力

我们与人相处，有些人虽然话不多，但我们却喜欢和他待在一起，因为他能让你感到轻松愉快；有的人逢人便滔滔不绝，夸夸其谈，不但不让我们喜欢，反而令我们十分讨厌，总想与之拉开一段距离。出现这些不同情况的原因是什么呢？主要就是人的吸引力和气场的问题。

有时我们确实感觉得到，有一种人无论出现在哪儿，都能立即成为众人瞩目的焦点，即使他们不言语，就那么站着或坐着，也带给人一种特别的感觉和深刻的印象，甚至还能令人毫无保留地对他产生信任感。

气场与外貌漂亮与否并没有什么关系，关键是看你能否通过你的面部表情、形体动作、语言等展示你迷人的个性气质。真正能打动人的是气质，而不是外貌。

每一个人都具有一种理想的自我形象，这就是心理学上所说的"理想的自己"。"理想的自己"往往被赋予很高的价值。尽管这些人来自不同地方，成长在不同环境，各自具有不同的自我形象，但他们的"理想的自己"也许具有一些共同点，如丰富的情感、敏捷的思维、幽默的语言，等等，而且都希望给对方留下亲切善良、聪慧正直、才学渊博的印象。所有这些，都要求自然而不做作，随和而又机敏，由此所透露出来的权威感，会产生一种无形的气场，一点一滴地注入对方的心田，在他们的心里产生连锁反应，使对方在不知不觉中被吸引、被征服。因此，思想、行动与感情构成了气场的三大基石，所以若要从具体的方面来改变你的气场，增强个人的吸引力，你应该在思想、行动与感情方面进行努力。

你的外在表现，也就是你气场的特征，主要不是由当时当地的环境决定的，而是由你的内在创造的。你能否改变自己也主要不是由于别人是否对你进行了批评，而是你自己本身是否想改变自己。所以是你的思想创造了你本身，使你成为今天这个样子的。可能你没有意识到，但你仔细想想，是不是你怎么想就决定了你的性格？你为什么不被人喜欢呢？大概是你的想法不受欢迎。你为什么气场四射呢？首先是你的想法，其次才是你其他条件的配合，使你引起了人们的普遍关注。有的人之所以无法成功，是因为他的想法使他难以成功。

别人通过你的行动——你的说话方式、你的做事方式、你的脸部表情——才能给你一个评判，才能使他们心中形成一个印象。行动是造就气场的关键，还因为只有通过行动你才能改善自身。通过很多小的行动、通过人格的训练、通过对自我行为的反思与调整，你就可以创造新的自我，使你自己变得更富有魅力。

人们通过你的外在表现、你的行动与思想，对你产生了喜欢以至某种带有神秘色彩的感情，如果你的感情特征是积极的、友善的、温和的、宽容的，那么别人就会很喜欢你、赞赏你，因此你往往气场大增；反之你就会成为一个没有气场的人。

所以，如果你拥有令人愉悦的个性，你往往会使自己的气场大增。并非所有的性格都是令人愉悦的，有很多性格令大部分人感到没有气场。比如人们一般不喜欢消极的、极端化的性格特征，人们对报复性的、敌意的性格特征更是感到厌恶，一般人们都喜欢富有热情的、积极向上的、友善的、亲切温和的、宽容大度的、富有感染力的性格。所以，如果你能够培养起为大部分人所喜欢的正面性格，你的气场就大大增加了。

与成功者为伍

1831 年，波兰作曲家肖邦在华沙起义失败后，只身流亡至法国巴黎定居。年轻的肖邦虽然才华出众，却空有大志而无施展之地，为求生计，只得以教书为生，处境甚为落魄。一个偶然的机会，肖邦结识了大名鼎鼎的匈牙利钢琴家李斯特。两人一见如故，大有相见恨晚之感。当时，李斯特在巴黎上流文艺沙龙中已是闻名遐迩的骄子，可他对默默无闻但才华横溢的肖邦大为赞赏。他想：绝不能让肖邦这个人才埋没，必须帮他赢得观众。

一天，巴黎街头广告登出了钢琴大师李斯特举行个人演奏会的消息，剧场门口人头攒动，门票一售而空。紫红色的帷幕徐徐拉开，灯光下，风度翩翩的李斯特身着燕尾服朝观众致意。台下掌声雷动，李斯特朝观众行礼后，便转身坐在钢琴前，摆好演奏姿势。灯熄了，剧场内一片寂静，人们屏息静气地闭上眼睛，准备享受美好的音乐声。琴声响了，时而如高山流水，时而如夜莺啼鸣；时而如诉如泣，时而如歌如舞……观众完全被那美妙的音乐征服了。

演奏结束，人们跳起来，兴奋地高喊："李斯特！李斯特！"

可灯一亮，大家傻了。观众看到舞台上坐的根本不是李斯特，而是一位眼中闪着泪花的陌生年轻人，他就是肖邦。

人们大为惊愕！原来，那时有个规矩，演奏钢琴要把剧场的灯熄灭，一片黑暗，以便观众能够聚精会神地听演奏。李斯特便利用这个空子，灯一熄，就让肖邦过来代替自己演奏。

当观众明白刚才的演奏竟出自面前这位年轻人之手后，立即变惊愕为惊喜。剧场内，掌声四起，鲜花一束束地朝台上"飞去"。于是，一位伟大的钢琴演奏家便这样为众人所知了。

很多人抱怨自己怀才不遇，空有满腔才华但却总是与功成名就无缘。其实，成功不是仅凭实力就能达到的，成功的氛围和气场往往是助你到达成功彼岸的捷径。就像肖邦一样，没有李斯特的推荐，人们怎么能迅速就认识到他的才能呢？所以，想要成功的你，不妨与成功者为伍，让他们的成功气场传递到你的身上，塑造你成功者的形象，以成功来吸引成功。

古希腊哲学家伊壁鸠鲁说过："我们与谁在一起吃饭，比我们吃什么更为重要。"正如《论语·里仁》有云："见贤思齐焉。"和什么样的人在一起，你就有什么样的气场，你自己的未来或许就是什么样子。因此，想做什么样的人，就要和什么样的人在一起，要想成为一个成功者，就先要学会和成功者在一起。

有人说，看一个人是什么样的人，就看他的朋友是什么样的人。确实，我们所交的朋友的水准直接影响到我们自己的水准。与强者为伍，时间长了，我们会有一个成功者的气场。很多时候，决定一个人身份和地位的并不完全是自身的才能和价值，还有自身所处的环境。如果想有成功者的气场和形象，我们先要努力去和成功人士站在一起。

塑造成功者的气场

20世纪70年代，世界拳王阿里因体重超过正常体重20多磅，速度和耐力大不如前，面临告别拳坛的局面。

1975年9月，4年未登拳台、33岁的阿里与另一拳坛猛将弗雷泽进行第三次较量。当比赛进行到第十四回合时，阿里已经精疲力竭，处于崩溃的边缘。他觉得自己随时都有可能倒下，几乎再也没有力气迎战第十五回合了。然而，阿里并没有放弃，而是拼命坚持着，他心里知道，对方也和自己一样，已筋疲力尽了。到这个时候，与其说在比气力，不如说在比毅力，比谁对成功的渴望更迫切。他知道此时如果在气势上压倒对方，就有胜出的可能，于是他尽量保持着坚毅的表情和势不可当的气势，双目如电。终于，弗雷泽被阿里的气场镇住，感到不寒而栗，以为阿里体力仍佳。阿里从弗雷泽的眼神中发现了这一微妙的变化，他精神为之一振，更加顽强地坚持着。果然，弗雷泽表示愿意服输。裁判当即高举阿里的手臂，宣布阿里获胜。凭借对成功的渴望，阿里保住了拳王的称号。但当他还未走到台中央，便眼前一片漆黑，双腿无力地跪在地上。弗雷泽见此情景，追悔莫及。

很多人总爱抱怨："这里条件太差了，什么事也没法做。"他们的说法即使不是全错，至少也可以说是片面的。为什么要抱怨条件差呢？其实，我们只要把对成功的渴望作为日常状态，把在这种状态下产生的那种强烈的摆脱目前不理想状况的心态作为自己走向成功的锐利武器，就可以拥有成功者的气场，利用它，就可以一路披荆斩棘。

不知你是否发现生活中常有这种耐人寻味的现象：一位漂亮的小姐经常挽着的是一位"貌不惊人"的男士；而一位其貌不扬、说不上有什么风度的女性，旁边陪伴的却是一位潇洒英俊的男士。成功的道理也是如此相似。常常一个不受女性注目的男士，也许有着对爱情更为深刻的理解，遇到一个他所喜欢的女性，他总是全力以赴、非常执着地追求，结果，他往往赢得最后的成功。我们去做某事的最佳时机就是当你对成功非常渴望的时候，这时你的气场也处于非常强势的状态。相反，每一次拖延和迟缓、每一次在思想上的犹豫，都会磨蚀我们的决心，削弱我们的气场。正如阿里对成功迫切的渴望，并因此产生了强大的气场，取得了胜利，而弗雷泽对成功的渴望相对较弱，因而气场不足，最终不战而败。

因此，当你感觉到内心深处有一股不可抑制的激情在汹涌奔流时，当你发现你是那么强烈地渴望去做某事时，当你的理想和自我意识发出无声的呐喊时，实际上这是一种标志，意味着你将开始有能力做某件事，并且必须是立即着手去做它。这就是一种因对成功的迫切渴望而产生的强大气场。

还等什么呢？从现在开始，每天强化自己对成功的渴望，不要让这种高能气场冷却或衰弱，而是要让它不断加强。这样，你就会拥有一个成功的形象，你将会离成功的目标越来越近，直至圆满地实现。

气质优雅，会让你走得更远

精神健康的人，拥有朝气蓬勃的形象

身体健康很重要，事实上，精神健康同样重要。只有精神健康，才能充满活力，积极向上，不仅给别人朝气蓬勃的印象，也可以使自己干什么都有精神。甚至，精神健康在某种程度上比身体健康还重要。一旦精神健康被激发，其强大的气场势不可当，身体上的缺陷就显得微不足道了。

那么，怎样的人才是精神健康的人呢？精神健康的人的形象有哪些外在表现呢？

第一，精神健康的人，是热爱生活的。他们对生活充满着希望和信心，他们会含着微笑入睡，怀着动力起床。他们对工作充满热爱和激情，努力实现自己的个人价值及社会价值。他们用愉快的心情、积极的态度，去改变现实，去享受生活。

第二，精神健康的人，是乐观的。他们总是用积极、乐观的情绪来引导自己的生活。在遇到困难的时候，他们不是消极和颓废，不是忧心忡忡，而是在焦虑的消极状态中，去自我调节，去面对现实。

第三，精神健康的人，永远充满活力。似乎他们休息的时间比别人少，但是精神却总是那么足。他们做事从来不会感到疲倦，而且把工作当成一种兴趣，富有激情地去完成。他们发挥着自己的能量，不知疲倦，提高自己，也感染别人。

第四，精神健康的人，做事光明磊落。他们从来不去欺骗他人，也不欺骗自己。他们认为，做人，就要胸怀坦荡，做真实的自己。

第五，精神健康的人永远自立。他们从来不会想着去依靠别人，也不会因为别人的劝告或鼓励去改变自己的想法，更不会处于被动地位。他们会在自己的信念下，用自己的方式和计划，去完成自己的事业和人生。

第六，精神健康的人，能够与他人和谐相处。他们善于与他人友好相处，他们能够理解他人，倾听他人，包容他人，不仅有自己的至交好友，也能与周

围的人都保持良好的人际关系。

第七，精神健康的人，都是意志健全的。他们能够主动支配自己的行动，明辨是非，当机立断。在做出决定后，他们还能坚持不懈。他们还能调节自己的情绪，有效控制自己的言行。

精神健康的人的特征还有许多，总之，那些向上的、积极的、乐观的、热爱生活和工作的人们，往往都是精神健康的。当我们知道什么是精神健康的人，并努力做到精神健康之后，我们的精神就会越来越饱满，越来越充满活力，我们会显得越来越年轻。而生气勃勃的精神又能使我们的形象永远是正面的、积极的。

乐观，让你拥有容光焕发的形象

一个商界成功人士说："我从小到大都不是一个品学兼优的孩子，但我从不因此就放弃自己。遇到困难、挫折时，我就告诉自己，要乐观点，明天就会好的。而我的乐观会让我充满能量，保持良好的精神状态和形象，所以我的身边总是会有很多朋友相助，大家在一起同甘共苦，克服一次次困难，一步步取得成就。我认为乐观是使我成功的最大因素，所有想成功的人，都必须保有一颗积极乐观的心。"

由乐观而产生的容光焕发的形象会让你受到人们的喜欢，也会使你离成功越来越近，但是乐观两个字说起来很简单，但做起来并不是那么容易的。

首先，你必须要学会在逆境中发现光明。一位母亲告诉他的儿子，天真的很黑的时候，星星就会出现。如果保持开朗的心境不那么容易做到，你就和乐观的人交朋友吧，他们积极向上的人生态度会感染你，使你在不知不觉中变得开朗了。

　　另外，你可以尽量做一些有益自己心境的联想。你可以先从发现自己的优点开始。每天想一两个你擅长的事或你曾做过的最成功的事。有了信心之后，就不会因为惧怕失败而处处放不下，然后唉声叹气，老往坏处想，弄得自己死气沉沉。充分运用笑话也是一个好方法。一个很少哈哈大笑的人，会越来越没力气，心情越来越不明亮。平常能够多多充实头脑中的笑话，不但能讲给别人听，还可以让自己开怀大笑，是个很好的增氧运动。

　　听一些可振奋人心的音乐也很不错。有空多找些轻松、活泼的音乐，可以帮助自己乐观起来。

　　我们也可以从关注自己的心灵做起。我们要学会换一种眼光欣赏人生，反正事情不能十全十美，为什么我们不过得快乐一点？我们要对自己的人生负责。就算遇到痛苦、伤心、不可挽救等可能成为压力的事情时，也不要沉浸于忧虑中不能自拔，而是应该随时提醒自己要打起精神来，保持希望，勇往直前，相信明天会更好，这样一来任谁都会逐渐变得乐观进取。不仅如此，乐观主义还可使我们塑造出足以与压力对抗的坚强心理和健康的身体。

　　人们都喜欢和乐观的人在一起合作，因为乐观会让你拥有容光焕发的形象，吸引别人的喜欢和合作。所以，我们要重新学会如何感动、如何爱别人，如何不去计较那些反面的事情，这样我们的每一天都可以是一个崭新的开始，充满了光明和希望。

才情是一件美丽又耐穿的衣裳

才情是人们的魅力之本。才情就像一杯清香的茉莉花茶，意味深远，令人回味无穷。难怪有人说："才情是穿不破的衣裳。"

富有才情的人，善于对日常应用的思维方式和行为方式进行艺术的提炼。例如，遇人、遇事如何以有效的思维方式，迅速采用最恰当的接待方式，以便使行为方式表现出稳重有序、落落大方的风度。

富有才情的人，具有令人赏心悦目的优雅举止。他们待人接物落落大方，懂得尊重别人，同时也爱惜自己。

真正富有才情的人，具有一种大气而非平庸的小聪明，是灵性与弹性的结合。具体来说，才情美的魅力主要体现在以下几个方面：

突出的个性

人的相貌往往具有最直接的吸引力，而后，随着交往的加深、广泛的了解，真正能长久地吸引人的却是他的个性。因为这里面蕴含了他自己的特色，是在别人身上找不出来的。正如索菲亚·罗兰所说："应该珍爱自己形体的缺陷，与其消除它们，不如改造它们，让它们成为惹人怜爱的个性特征。"

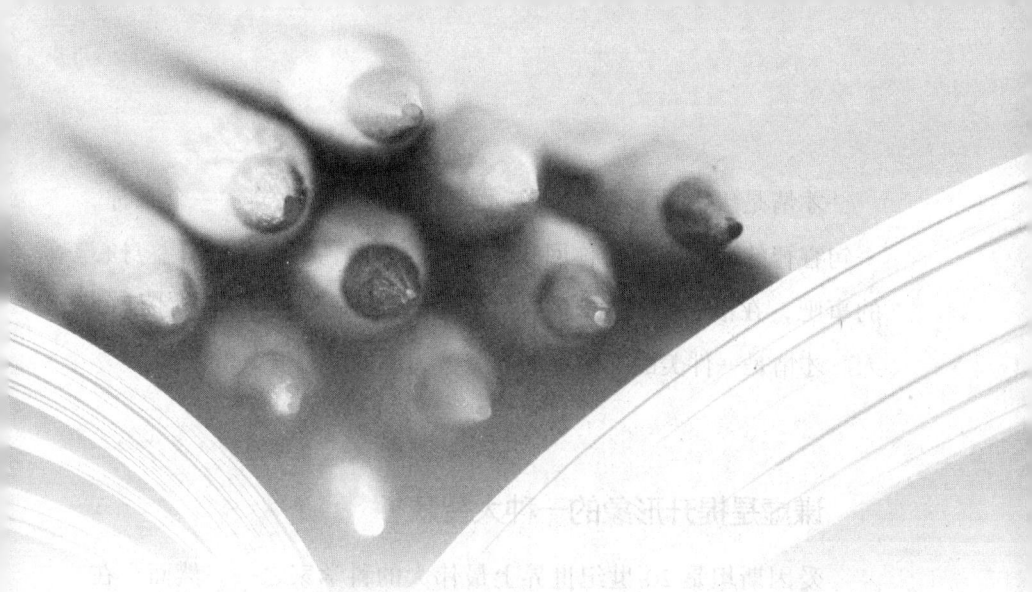

丰富的内心

有理想、有知识，是内心丰富的两个重要方面，这是现代人必不可少的。知识将使人的魅力大放光彩。除此以外，还需要宽广的胸怀。法国作家雨果说过："比大海宽阔的是天空，比天空宽阔的是人的胸怀。"

高雅的志趣

高雅的志趣会使你的气质锦上添花。每个人的气质不尽相同，这和人的人品、性情、学识、智力、身世经历和思想情操是分不开的。要想有优雅的气质和风度，就必须有良好的教育和修养。

优雅的言谈

言为心声，言谈是窥测人们内心世界的主要渠道之一。在言谈中，对长者尊敬，对同辈谦和，对幼者爱护，这是一个人应有的美德。

才情是天上的彩霞，具有才情的人的一抹微笑、一个眼神、一句睿智的话，都值得你回味、心醉。因此，多做一些有益身心的事吧，在潜移默化中培养你的才情，并成为一个富有才情的人。才情是一件美丽又耐穿的衣服，为你的形象恒久增色。

谦虚是提升形象的一种大智慧

爱因斯坦是 20 世纪世界上最伟大的科学家之一。然而，在他的晚年，他还在不断地学习、研究。当有人问他："您的学识已经非常具有影响力，何必还要孜孜不倦地学习呢？"爱因斯坦并没有立即回答他这个问题。他找来一支笔、一张纸，在纸上画上一个大圆和一个小圆，对那位年轻人说："在目前情况下，在物理学这个领域里可能是我比你懂得略多一些，正如你所知的是这个小圆，我所知的是这个大圆。然而整个物理学知识是无边无际的。对于小圆，它的周长小，即与未知领域的接触面小，它感受到自己的未知少；而大圆与外界接触的这一周长大，所以更感到自己的未知东西多，会更加努力地去探索。"

一席话真是令人回味无穷。爱因斯坦的形象不仅因为他取得的辉煌成就而伟大，更因为他孜孜不倦的追求和一如既往的谦虚而更加傲然。谦虚向来是有影响力的人具备的品德，是以一种退后的姿态提升形象的大智慧。古往今来，越伟大的人往往越谦虚。而我们平凡人也可以运用这一智慧来提升自己的形象，生活中的各个场所都可以是表现谦虚的平台。

工作中的谦虚就是当你身居某个有影响力的位置时，并不认为这个职位就非你莫属，离了你地球就不会转动，而是想到还有很多优秀人才也能胜任，只是缺少像你一样的机会，从而做到爱岗敬业、一丝不苟。

工作中的谦虚是当你取得某项成绩、获得某项荣誉时，并不认为就是一己之功，而是离不开领导的关爱、组织的培养和同事的协作，从而把鲜花和掌声当成一种鞭策和鼓励，当成新的开始。

"一分荣誉，十分责任；一分成绩，百倍虚心。"谦虚是在年终考核、民主评议，或在私下某个场合时，当有的人并非用心不良、居心叵测给你提出一些缺点和值得改进的地方时，你不会暴跳如雷、一触即发，而是认为自己确有不足和差距，抱着"有则改之，无则加勉，言者无罪，闻者足戒"的态度洗耳恭听，虚心接受。

事实上，没有一个人能够有足够的资本骄傲。因为任何一个人，即使他在某一方面具有影响力，也不能够说他已经彻底精通，任何一门学问都是无穷无尽的海洋，都是无边无际的天空……所以，谁也不能够认为自己已经达到了最高境界而停步不前、趾高气扬。如果是那样的话，则必将很快被他人赶上并超过。虚怀若谷、虚心好学才能容纳真正的学问和真理，才能取人之长、补己之短，日益完善自己，从而拥有更美好的形象。

让修养渗透在每一句话中

西雅图波音公司的一个部门经理有一次大发雷霆，原来他看到一份报告上有一个错别字，那是个拼写错误，有位工程师把"Believe"写成了"Beleive"。

这位经理精明能干，可是有个怪毛病，他的眼睛里容不得任何一个小错误。于是他叫来了那个写错字的工程师。整个走廊里都能听得见他的声音："你这个混蛋连这么点错误都要犯，你到底读过书没有？E怎么可能在I的前面，记住，I永远在E的前面。"

可是，没过几天，那位经理又发现了同样的拼写错误，而且又是出自同一人之手。

这次，经理被彻底地激怒了，他叫来了那个"屡教不改"的工程师，怒不可遏地冲他咆哮道："你耳朵长在头上了吗？为什么我说了你不听？"

那工程师很平静，说道："你不是说I永远在E之前吗？"经理说："看来你是明知故犯了。"

工程师二话没说，随手从桌上拿起一份文件，把上面的"Boeing"一笔勾去，写成了"Boieng"。

有很多人在说话时，经常只顾自己痛快，过后才发现不小心伤了别人的心。尤其是当别人做了错事，自己因此而吃了亏，就更觉得自己受了委屈而要说出来图个痛快，于是一些难听的话就不自觉地冒了出来，结果是痛快了一时而伤了和气。自己的修养和形象也因这一时的冲动而毁于一旦。

可见，在工作中，不要留下一副尖酸刻薄、一味地指责别人的形象，那不仅无助于任何事情的发展，更可能阻碍事情向好的方向发展。当你几乎控制不住想要批评某人之前，有一种方法可以让你的心绪渐渐平静下来，使你重新思考究竟应该怎么做。这种方法就是：在你批评他人之前，先想想自己："我做得怎么样？是否应该完全怪罪他人？"这样想过之后或许你会完全改变自己的想法和行为。

让我们来看看成功学大师卡耐基是怎么做的。

卡耐基的侄女乔瑟芬·卡耐基在19岁高中刚毕业的时候来到纽约担任卡耐基的秘书。

"她当时没有任何做事的经验，"卡耐基回忆说，"在刚开始的时候，她十分敏感脆弱。有一次我正准备指责她，但马上对自己说：'等一下，戴尔·卡耐基，等一下。你几乎有乔瑟芬两倍的年纪，做事经验更是多出好几倍，怎么可以要求她能有你的看法、判断和主动的精神——何况你自己并不十分出色。还有，戴尔，你在19岁的时候是什么德行？记得你像蠢驴一样犯下的错误吗？记得你做过这些……还有那些……吗？'

"一想到这里，我不得不老实地下个结论：乔瑟芬19岁时比我19岁时要好得多——而实在惭愧得很，我没有称赞过她。

"于是，一遇到乔瑟芬犯错误，我总是这样说：'乔瑟芬，你犯下了一项错误。但是，老天知道，我以前也常常如此。判断力并非生来具备，那全得靠自己的经验，何况我在你这个年纪的时候还比不上你呢。我实在没有资格批评你或别人，但是，依我的经验，假如你……做的话，不是好些吗？'"

后来，年轻的乔瑟芬成为一名很出色的秘书人员。

只懂得批评别人而不懂得宽容别人的人，是不会巧妙地指出别人的错误的。其实，在某些时候，宽容比批评更有效，更能让人保住面子，也更能激发人的积极性。

有些人总是说话尖酸刻薄，很喜欢指责他人，一旦出现问题，他们首先想到的是如何将责任推卸给他人。其实，尽量去了解别人，尽量设身处地去思考问题，深思熟虑地说每一句话，比口出恶言要有益得多。

修养和气质来自你的一举一动、一言一行。告别那些尖酸的语言吧，让你的修养渗透在你的每一句话中，使你的形象被气质的光环围绕。

第五章

有『礼』走遍天下

好礼仪决定好人生

面试时的自我介绍礼仪

在面试时，恰当的自我介绍礼仪可以拉近求职者与主考官之间的距离。

在作介绍前，要先对面试官打个招呼，道声谢，如"××经理，您好，谢谢您给我这么好的机会。现在，我向您作个简单的自我介绍"。介绍完毕后，要注意向面试官道谢，并向在场的其他面试人员表示谢意。

在作自我介绍时，最忌漫无中心，东扯一句西扯一句，或者事无巨细都一一详谈，让人听了不知所云。须知，面试官是没有那么多闲工夫听你乱扯的。一般来说，求职面试中的自我介绍宜简不宜繁，一般包括的要素有：姓名、年龄、籍贯、学历、学业情况、性格、特长、爱好、工作能力、工作经验等，对于这些不同的要素该详述还是略说，应按招聘方的要求来组织介绍材料，围绕中心说话。假如招聘单位对应聘人的工作能力和工作经验很重视，那么，求职者就得从自己的工作能力及经验出发作详细的叙述，而且整个介绍都是以这个重点为中心。

在自我介绍中，要尽量避免过多地夸耀自己，一般不宜用"很""第一""最"等表示极端的词来赞美自己。在面试时，对自己做过多的夸耀，意味着贬低他人，这种缺乏尊重他人的介绍方式，是有违一般礼仪的。这样做反而会引起面试官的反感。因此在谈论自己时，应尽可能避免一些夸大的形容词，把话讲得客观真实，尽量用实际的事例去证明你所说的，最好用真实的事例来显露你的才华。

面试场上的自我介绍，目的是获得职业，与自我标榜、自我吹嘘无关，但你必须得想办法强化自我介绍的气氛。牢记你的优点，忘记你的缺点，你就会像磁石一样吸引人。要觉得自己的声音有魅力，自己的学识广博，只有这种自我肯定，才能使自我介绍的气氛变得活跃起来。

当然，最重要的是能够立即把思绪或情感变成风趣动人的语言，只有内外表达一致，自我介绍才算完美。

自我介绍，要尽量表现出创意、直接、技巧、积极，并且尽量地找出令人欣赏的方法，不要反复使用公式化的东西，不要油头滑脑、胡乱编造，因为油头滑脑、随意编造既是对自己不负责，也是对他人不尊重、不礼貌。

同事相处，礼仪让气氛更和睦

欢乐融洽的职场氛围是提高工作效率的法宝。与同事交往，真诚相待、依礼而行、相互尊重、减少摩擦是非常必要的，既要达到既定目的，也要兼顾友谊的发展；既要提高办事效率，也要兼顾他人的难处。在礼仪方面应注意以下几个方面：

尊重、关心同事

同事关系不同于亲友关系，亲友之间一时的失礼和过错可以用亲情来弥补，同事之间只有工作这根纽带，一旦失礼，所造成的创伤很难愈合，所以千万要尊重对方，尊重同事的生活习惯，尊重同事的处世方式，不勉强让他人接受自己的观点。不管是在工作中还是生活上，同事若是遇到困难和难处，都应予以体谅理解，并主动帮助。当同事有困难之时，千万不要吝惜你的关心与安慰，对同事重视会让他感受到你诚挚的友谊，这是赢得对方信任的关键。

讲求协作精神

现代职场的成功，都是由团队创造的，一个人是难以成事的。一件工作往往需要多方的协调才能做好，在办公室中一定要同心协力、相互协作、互相支持，即使自己再优秀也不能眼中无人、目空一切，忽视他人的力量。自己的工作一定要及时完成，避免影响团队的进度，如果没完成，也不能推卸责任。需要帮助时要与同事商量，不可强求；对方请求帮助时，则应尽己所能真诚

相助。对年长的同事要多学多问、多尊重，对比自己年轻的同事则要多帮助、多鼓励，这样才能建立一个团结、友好的办公环境，才能得到同事们的理解和帮助，自己工作起来也会轻松许多。

物质上的往来应一清二楚

同事之间难免会有相互借钱、相互借物以及馈赠礼品的往来，每一项都应该记得清清楚楚，千万不要因为自己的疏忽带来误解和麻烦。向同事借钱借物，应主动先打借条，以增进同事间的信任；借了钱和物品一定要及时偿还，并向对方表示感谢。有意或者无意占同事的物质或金钱的便宜都会让人不快，从而在同事之间造成不良影响。

主动道歉

在工作中，和同事发生小矛盾、产生小摩擦在所难免，关键是要及时反省自己的错误，敢于承担错误，及时主动向对方道歉，征得对方的谅解；主动承认错误可以避免矛盾升级，简单的一声"对不起"就可以让紧张的气氛缓和下来。倘若同事对你产生误会，应该向对方说明，不能小肚鸡肠，得理不饶人。

平等、广泛地交往，不要结成小集团

同事之间虽熟，但不同于朋友，经常会有自己喜欢的和不喜欢的同事共处一室，因此在交往时，特别是上班时间内，一定要保持一视同仁、平等对待、求同存异，切记不可有抱团和排异思想。

适时地感谢和分享

职场中，要适时地感谢同事的协助，感谢领导的提拔、指导和信任，即使同事并没有帮助你，领导也没有器重你，你也要慷慨地表示感谢。除了口头的表达之外，还可以在物质上进行分享。如果是小的表彰和荣誉，可以请同事吃点瓜子、水果之类；如果是大的荣誉和表彰，可以请同事吃顿饭。同事分享了你的成果，在今后的工作中定会更加协助你。同时要注意领导的特别身份，建议给领导准备一份合适的礼物，以示感谢。

不干预同事的私事

每个人都有不想被他人知道的隐私。代转给同事的信件、快递，只要放在其桌子上即可。不要去看寄信人或寄件人的地址，更不要察看其中的内容或东西。更不要随意打听同事的私事，如果有陌生人和同事说话，尽量避开。如果无法离开，也不要伸着耳朵去"偷听"。有时，同事会不小心把心中的秘密说漏了嘴，

对此，最好不要细问，也不要想一探究竟。一定程度上，爱询问别人的私事是一种不道德的行为。办公室是一个敏感的环境，如果不注意就会给自己带来不必要的麻烦。

同事做事时，不要窥视

看到同事在写信、文件或阅读书信时，不论是否是自己知道的内容，最好躲开，需要从其身旁走过时，也不要离得太近，更不要斜着目光去窥探。同事办公时，没有重要的事情，不要去打扰，也不要随意询问，以免打断他的思路，造成尴尬的局面。

注重办公礼仪，塑造职场专业形象

办公室是上班族所待时间最多的地方，决不能因为大家都是熟悉的同事，而忽视礼仪。相反地应该知道，在这里的表现不仅关系个人的形象，而且直接关系单位的形象。下列几点是必须格外注意的：

整洁端庄的个人形象

首先要树立整洁、端庄的个人礼仪形象。如果单位有统一的服装，则无论男女，上班时间都应穿工作服。如果没有统一服装，在办公室宜选择较为保守的服装，男士以西装为主，女士着装要尽量美观大方，不要过于夺目和暴露，也不要浓妆艳抹。上班时间把自己打扮得分外妖娆、魅力四射的女性会产生很多的负面效应。男性穿西装要打领带。夏天时不能穿拖鞋、短裤、背心甚至赤脚出现在办公室。休闲装、运动鞋、旅游鞋等不适宜在办公室穿。

建立良好的同事关系

与同事搞好团结，如果有小事弄错了，不要诿过给同事，上司追问起来，如果那件事大家都有点儿责任，你就直截了当地给上司解释明白，自己先向他道歉，承认就算了，当然你可能挨一顿骂，可是却会在办公室中赢得一个忠实的美名。

不要越权汇报

如果遇到棘手的事，首先要找直接管你的主管，切勿去见一个更高级的上司。须知一个大公司，它的组织和军队相似，发号施令有关联性，即使你对你的顶头上司有意见，而你又偶然犯有过失，你也要先获得他的同意才可向更高一级申诉。

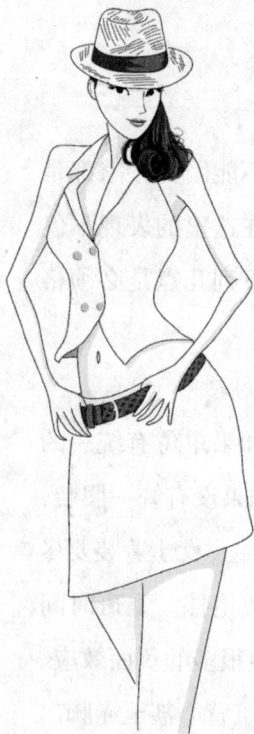

不要在办公室办私事

私人生活中的一切事情都不要带到办公室做。每个人都要谨记，公司给你薪金，目的就是要你做好本职工作。有许多公司严格地执行一些规矩，例如办公时不能接听私人电话，不能随便跑出去买香烟，规定午餐时间，上班下班要准时等。你服务的那家公司，也许执行得不那么严格，那你也应自觉遵守，不宜太过冒犯。

讲究礼貌

"早安"和"午安"是最普通的礼貌用语，对同事不能因为熟悉，就将其省去。对不相识的人或是一同坐电梯的人，以"早安"或"午安"向人家问好，可表示你是一位彬彬有礼的人。同事之中相互多以名字相称，但对一些德高望重的人，或是上司，则以"×先生"或"×经理"来称呼较为合适。无论是谁的朋友，踏进公司的门，就是公司的客人，而你就是当然的主人，做主人的均应热情接待客人，绝不可三言两语地把客人打发掉，或者将其晾在一边。

不要在办公室化妆

女职员在办公室内化妆是失礼的，特别是有异性同事时。如果办公室设有女衣帽间，则可兼作化妆间，要是没有的话，则只好到洗手间了。

不要随便动别人的东西

在办公室里，不要随便挪用别人的东西，即使是公司统一配发的用品，也属于个人私用。特别是未经主人许可，事后又不打招呼的做法，显得没有教养。至于用后不归还原处，甚至经常忘记归还的，就更低一档了。

准时上下班

上下班要绝对准时，这能反映出你是否敬业。千万别在下班前15分钟便跑到洗手间去梳头搽粉，这样显得你太急于下班了。下班之前，应将写字台上的文具和文件等码放整齐，将椅子放回原位，以给同事们留下一个工作严谨、环境整洁的好印象。

第二节 &——

你在品味食物，别人在品味你

用餐时需注意细节

餐桌也是个充满诱惑的地方，尤其当你饥肠辘辘的时候，人们往往难以抵御美食的诱惑，也容易表现得不雅和粗俗。甚至一些很在意举止修养的人，到了餐桌前却会松懈下来，忽略了这个时刻应该具有的风度和礼仪，泄露出暗藏的毛病和缺陷，让自己的良好形象大打折扣。用餐时保持良好的仪态修养，是显现个人品质最有效的时刻。如果在餐桌上能优雅而有教养，不仅能拉近与对方的距离，更能以完整的魅力打动人心。所以，见食忘礼不可取，我们要时时刻刻保持自己的礼仪修养，不要做餐桌上的俗人，在用餐时一定要注意这些细节：

（1）用餐时，两只手都要放在桌面上。但要注意不能用手臂支撑身体靠在桌子上，也不能双手交叉在胸前，只是把手腕轻轻搭在桌上。手指要自然平稳地放在桌上，不可在桌上乱弹或玩耍餐具。

无论男女，用餐时跷起二郎腿都是不美观的，而且失礼。两脚交叉的坐姿最好避免。应避免的类似举动还有：把两膝张开呈八字形、伸懒腰、松裤带、摇头晃脑、伸展双臂做体操等，这些姿势都很失礼，而且不雅观。

（2）在给别人布菜时不要用自己的筷子给别人夹菜，也不要把筷子调过来用尾端夹菜，很不卫生，看起来也缺乏美感，应该用专用的公筷布菜。在夹菜时，为了避免将汤汁洒在桌上而用手当盘子接在下面的动作很不雅观，应该用勺子或碟子接在下面。

（3）就餐中不能边说边吃边用筷子指指点点或乱翻菜肴，也不能用筷子敲击碗盘。喝汤时，应当放下筷子，用汤匙喝，千万不要把碗端起来喝。

（4）用餐或喝汤时应该闭着嘴巴咀嚼，不要发出咀嚼、喝汤的声音。不能吃得太快，要细嚼慢咽。不要狼吞虎咽，要等着口中食物咽下后再吃下一口，当嘴里有食物的时候不要说话。

（5）用餐时要经常用餐巾擦拭手指与嘴部，否则油腻的手指和沾满碎屑的嘴，会让你形象全无。用牙签剔齿缝时应以手遮口。

（6）用餐的时候，餐具不小心掉在地上，如果弯腰去捡，不仅姿势不雅观，也会弄脏手指。不妨轻声请服务生前来处理，并更换新的餐具。

（7）用餐后，要把筷子或刀叉放在餐盘中，摆放在用餐桌子的一角，不能把餐具相互重叠放置，不能把用完后的餐具胡乱摆放在桌子上。

杜绝不良用餐习惯

用餐是个美好的时刻，对于现代人来说，吃已经远远不单纯是填充饥饿，也不是享受美味，而是获得更多的快乐和愉悦。因此，用餐也往往成为一个必要的社交环节。许多家人聚会、朋友交往、商务活动、公事洽谈都可以巧妙和有效地安排在餐桌上。这时，一些不良用餐习惯会在无声中害你，让你粗俗、不文雅的举动招致他人的不悦或排斥。所以，有以下这些不良用餐习惯要注意啦，赶快改掉这些坏习惯，成为优雅的用餐者吧。

不良习惯一：乱用服务员递上的毛巾或是其他清洁物品。中餐宴席进餐一开始，服务员送上的第一道湿毛巾是擦手的，千万不要用它去擦脸！那样会显得你很没有水准。上龙虾、鸡、水果时，会送上一只小水盆，其中飘着柠檬片或玫瑰花瓣，它可不是饮料，而是用来洗手的。洗手时，可两手轮流沾湿指头，轻轻刷洗，然后用小毛巾擦干。

不良习惯二：入席后随便动手取食，不管他人。正确的做法是应待主人打招呼，由主人举杯示意开始时，客人才能举杯；客人不能抢在主人前面。夹菜也要文明，应等菜肴转到自己面前时再动筷子，不要抢在邻座前面，一次夹菜不宜过多。要细嚼慢咽，这不仅有利于消化，也是餐桌上的礼仪要求。绝不能大块往嘴里塞，狼吞虎咽，这样会给人留下贪婪的印象。

不良习惯三：挑食，只盯住自己喜欢的菜吃，或者急忙把喜欢的菜堆在自己盘子里。和别人一起进餐时，千万不能独占某一菜品，这是一种极其自私和失礼的行为。

不良习惯四：一边吃东西一边和人聊天。试想一下，你一面塞得嘴满满的，一面还在与人家交谈，不只是听者受不了，你自己也不好受，这样的习惯一定要克服。

不良习惯五：用餐的动作不文雅。用餐的动作不宜太大，夹菜时不要碰到邻座，不要把汤泼翻，也不要发出不必要的声音。如喝汤和吃菜时的"咕噜咕噜"声，这都是粗俗的表现。

不良习惯六：随意把口中的东西吐在桌子上。比如嘴里的骨头和鱼刺不要吐在桌子上，可用餐巾掩口，用筷子取出来放在碟子里。另外掉在桌子上的菜不要再吃，很多人害怕别人说自己浪费，所以菜掉在桌子上照例捡起来吃掉，这种事以后千万别做，

这让人感觉你不是一个爱干净的人。

不良习惯七：在进餐的过程中玩弄自己的碗筷。进餐过程中不要玩弄碗筷或用筷子指向别人，不要让餐具发出任何声响。

不良习惯八：在进餐时中途退席。在主人还没示意结束时，客人不能先离席。如果有事确需离开，应利用上菜的空当向同席的人说明情况，表示歉意后再离开。如果女士需要化妆或去洗手间，也应该告知同桌的人暂时离席后再去，记住不能只带走化妆包，而要将手提包一起带走。

找对自己的位置最重要

一天，小王请朋友吃饭，为了显示尊重，他执意让朋友坐在面对大门的最里面的座位上。朋友连忙推辞，不过盛情难却，也只好坐在了那里。饭快吃完时，朋友去了趟洗手间，小王也没有多想。吃过饭，小王准备结账时，服务员说他的朋友已经把账结了。小王有点不高兴，责备他的朋友不该抢着结账，朋友说："你让我坐在这个位置上，我怎么能不结账呢？"

看来，餐桌的座位也是有讲究的。关于餐桌礼仪，圆桌中，正对门的座位为首，即正座。背对门的为最后座次，其他是作陪人的座位。主人坐中间，以主人的右手边为尊，左手边为次。通常离主人越近就越重要。方桌的就不一样，主人家坐中间，对面的是最尊的，如果主人有配偶理应是坐对面。

首座可以是主人就座，但当有前辈、领导、师长、长者等客人时，首座必须请最长者、最高贵者、最重要的客人就座，主人可以在首座的左手或右手就座，陪同在最重要的客人左右。然后是左为上，右次之，再后的排列顺序是左右左右，以此类推，逐个排列下去。最后一个背对门的座位，也可以是主人坐或者埋单的人坐（因为这样埋单时出出进进不会影响其他的客人）。作陪的人（包括主人和主人请来作陪的人）可以穿插在客人中间。而如果是正方形的餐桌时，则与中国的八仙桌的座位顺序相同，可以认为是正对门（指就座人的脸）座位为首，即正座。背对门的为最后座次，是作陪人的座位，它同时也是埋单的人（如果是在外吃饭）的座位。

　　吃西餐均使用长方形的桌子，英国式的座位顺序是：主人坐在桌子两端，原则上是男女交叉坐；法国式的座位顺序是：主人相对坐在桌子中央，以女主人的座位为准，主宾应当坐在女主人的右上方，主宾夫人坐在男主人的右上方。非正式宴会座位则遵循女士优先的原则。

　　如果是一男一女进餐，男士应请女士坐在自己的右边，还要注意不可以让她坐在人来人往的过道边。如果是两对夫妻就餐，夫人们应坐在靠墙的位置上，先生则坐在各自夫人的对面。如果两位男士陪同一位女士进餐，女士应坐在两位男士的中间。如果是两位同性进餐，那么靠墙的位置应该让给其中的年长者。

　　总之，无论是圆桌还是长桌，每张桌子上不同的座次都有尊卑之分，记住这些原则，确保不坐错位置，这在餐饮礼仪中非常重要。

喝酒有大学问

无论是中式还是西式的宴会上，总是离不开酒。优雅并且正确地掌握饮酒礼仪，则能体现出你的品位和魅力。要想成为宴会餐桌上光芒四射的优雅之人，就必须掌握喝酒的学问，掌握以下这些饮酒的礼仪规则：

首先，点酒不要硬充内行。在高级饭店里，自然会有精于品酒的调酒师拿酒单来，对酒不大了解的人，最好告诉调酒师自己挑选的菜色、预算、喜爱的酒类口味，请他帮忙挑选。如果没有专人帮你挑酒，那你也要询问其余同伴的意见，不要装内行而点出不适宜的酒。

其次，接受斟酒要优雅。当别人给你倒酒时，你一定要优雅地接受，一是表达你对别人的感谢，二是体现出自己的优雅风度。当然，接受不同的斟酒有不同的方式。接受啤酒时，只需要用手指尖握住酒杯的中央；如果双手握住酒杯会让啤酒变热。女性可以一只手握着酒杯，一只手扶在杯底，这样会显得比较优雅。接受葡萄酒时，可以把葡萄酒杯放在桌子上，等待酒倒好，不能用手去扶杯子，也不能把酒杯倾斜。当别人为你斟酒时，如不需要，可简单地说一声"不，谢谢"，或以手稍稍盖住酒杯，表示谢绝。

　　另外，通常在宴会中，会由主人向客人祝酒。作为宾客参加宴请时，应了解对方的祝酒习惯，如为何人祝酒、何时祝酒等，以便做必要的准备。在主人和主宾致辞、祝酒时，其他人应暂停进餐，停止交谈，注意倾听，不要借此机会吸烟。碰杯时，主人和主宾先碰，人多时同时举杯示意，不一定碰杯。祝酒时注意不要交叉碰杯。主人和主宾讲完话与贵宾席人员碰完杯后，往往到其他各桌敬酒，遇此情况应起立举杯。记住，碰杯时，一定要目视对方致意，表示你的尊敬。干杯时，提议者应起身站立，右手端起酒杯，或用右手拿起酒杯后，以左手托住杯底，面含微笑，真诚地面对他人。在主人提议干杯后，不一定要一饮而尽，只喝一口也行。即使是不喝酒的人，也要起身，将杯口在唇上碰一碰，以示尊敬。

最后，你还必须注意敬酒的学问。一般情况下，敬酒应以年龄大小、职位高低、宾主身份为序，敬酒前一定要充分考虑好敬酒的顺序，分清主次。即使与不熟悉的人在一起喝酒，也要先打听一下对方身份或是留意别人如何称呼，这一点心中要有数，避免叫错人名或称呼而出现尴尬或伤感情的局面。另外，为了表达对主人的尊敬，客人在接受主人的敬酒之后，一定要找个合适的机会，回敬主人酒。

还需注意的是，喝酒时绝对不能吸着喝，更不要猛烈摇晃杯子。不敬酒时将酒一饮而尽，或是边喝酒边透过酒杯看人、拿着酒杯边说话边喝酒、将口红印在酒杯沿上等，都是失礼的行为。

喝酒不是简简单单的"喝"的问题，其中包含了很多的礼仪和规则。要想喝酒不失礼，一定要多留点心注意这些礼仪的细节，切忌一时兴起没礼貌地顾自喝酒，更不能借酒装疯。

以礼相待，宾主尽欢

用次序礼仪体现接待规格

接待过程中，最能够准确地突出来访者的身份，表达对来访者的尊重的形式之一就是次序的礼仪。接待过程中的次序礼仪一般要注意以下几点。

如果是开车送客人，则要请客人先上，打开车门，并用手示意，等客人坐稳后再上。一般应请客人坐在后排座的右侧，自己

坐在左侧。如果客人有领导陪同，就请领导人坐在客人左侧，自己坐在前排司机的旁边。

如果客人或领导已经坐好，就不必再要求按这个顺序调换。在客人就座后，不要从同一车门随后而入，而应该关好门后从另一侧车门就座。下车时，要自己先下，然后为领导或客人打开车门，等他们下车后关上车门。

迎客时，主人走在前；送客时，主人走在后。

陪客人走路，一般要请客人走在自己右边。主陪人员要和客人并排走，不能落在后面；其他陪同人员就应走在客人和主陪人员身后。在走廊里，应走在客人左前方几步。转弯、上楼梯时，要回头以手示意，有礼貌地说声"这边请"。

进电梯时，有专人看守电梯的，客人先进，先出；无人看守电梯的，主人先进、后出并按住电钮，以防电梯门夹住客人。

上楼时，客人走在前，主人走在后；下楼时，主人走在前，客人走在后。

到达接待室或领导办公室时，要对客人说"这里就是"或"这里是×××办公室"。如果是领导办公室，要先敲门，得到允许时再进。门如果是向外开的，应该请客人先进去；向里开的，自己先进去，按住门，再请客人进。

进门时，如果门是向外开的，把门拉开后，按住门，再请客人进。如果门是向内开的，把门推开后，请客人先进。

就座时，右为上座。即将客人安排在企业领导或其他陪同人员的右边。

奉茶、递名片、握手、介绍时，应按职务从高至低进行。

客人要离开时，要提前预订好返程车、船、机票。在客人事务结束后离开时，可根据情况安排一个小型送别会。安排好送客车辆，如有必要还应安排单位领导为客人送行。

总之，社交场合，一般以右为大、为尊，以左为小，为次，进门上车，应让尊者先行，一切服务均从尊者开始。

做好拜访前的预约

做客要预约，这个常识大家应该都有，只是有时候面对一些非常熟的人，可能觉得没有必要，或是太过于形式化的反而让人家觉得是见外或是摆架子，于是就不约而至。这样突然的拜访，经常会给对方带来不便和困扰，例如郭冬临、魏积安演的一个小品中，郭冬临不预约就突然来到了好友魏积安家里，恰巧魏积安夫妇正准备出去看演出，郭冬临的到来让他们很为难，直说情况又怕郭冬临误会自己要赶他走，不说的话郭冬临又一直不走。郭冬临没有眼力见儿，不懂做客礼貌的形象成为观众的笑料。然而，在现实中如果发生这样的事，影响就可大可小了，你的不礼貌也许就会损害你的形象，招致别人的厌恶，一段良好的关系就这样被抹上了污点。

做客之前先预约，可以让对方做好准备，大家时间充裕一些，玩得也更尽兴些。有的人可能认为好朋友之间还预约，显得太见外了，其实预约，并不见得是种生疏的表现，而是出于对对方的尊重。

到了别人住处之后，不要乱走，更不要乱翻乱动。如果主人正在忙，你可以自己找点事做，比如查收一下短信，参观一下客厅，但是只能看，不能碰，比如说看一下人家摆放的鱼缸、工艺品。如果刚好有别的朋友要见你，你们可以另约地方。除非经过主人同意，否则不要随便把自己的朋友叫到他人家中。

在别人家里不要待太久，以免打扰别人休息，尤其是第一次到对方家中。另外，去别人家里做客，要学会察言观色，除非对方留你一起吃饭，否则不要等到别人快吃饭或要开始做饭的时候才开口告辞，这样会给别人带来很多不便，或许人家当面不会说什么，也许心里一直在嘀咕你多么没有眼力见儿呢。

总之，做客也有很多细节需要讲究，无论多熟，也要记得要预约，要懂礼仪。商场上的会见礼仪更是如此。

无事也要常登"三宝殿"

中国人常说"无事不登三宝殿"，意思就是登门拜访必然有事相求。然而，现在商务场上的那些应酬达人，早就抛弃了这一陈旧的观念，常常无事也登"三宝殿"，他们懂得用电话、短信、邮件或上门拜访等方式，等待光芒照耀着他们。如果非到有事才求人，那么未免惹人反感。

先做朋友，后做生意，这才是绝妙的商务法则。只要有时间，就要去拜访一下那些商场上的朋友，一起坐坐，聊聊天，互通有无，说不定在这看似细微的言谈之间，你就抓住了绝佳的发展契机。

此外，前去拜访客户时要格外注意拜访的一些礼节，以免因小失大，引起客户的反感。

遵时守约

要想做一个受欢迎的客人，首先要严格遵守预约去拜访，切忌迟到，要知道浪费别人的时间等于谋财害命；预约的拜访不能准时赴约，要提前打电话通知对方，即使责任不在自己，也要表达一定的歉意。

妥善处置自带物品

在进客户办公室之前，要先看看鞋上是否带泥。擦拭之后，先敲门再走进去。雨具、外衣等要放到主人指定的地方。如果主人较自己年长，那么主人没坐下，自己不宜先坐下。自己的交通工具如自行车要锁好，放在不影响交通的地方，如果放的位置不好或忘锁被盗，不仅自己受损失，也给主人带来麻烦。

言行谨慎

在客户处做客，不能大大咧咧地径直坐到席上，而要等主人力邀才"恭敬不如从命"；等人时，不要左顾右盼；主人奉茶之后，先搁下来，在谈话之间啜之最为礼貌。如果要抽烟，一定要

征得主人的同意，因为吸烟会危害他人的健康；如果客户处未置烟灰缸，多半是忌烟的；如果掏烟打火，让主人匆忙替你找烟灰缸，是非常不尊重人的举动。

无事也登"三宝殿"，其实也是为了将来有事相求，不必吃"闭门羹"。但如果商务拜访中忽视了这些细节，那也很难在危难之时顺利拯救自己的职业命运。

饮茶礼仪：斟茶与敬茶体现修养

中国有句老话："茶是话博士。"这是说待客以茶可以活跃交际气氛，增加宾主交谈的兴致。

在中国的商务应酬中，接待客户时，沏茶、上茶是一种必不可少的待客礼节。若是缺少这一礼节，或在奉茶的某些细节上掉以轻心，就是明显地对来宾失之于恭敬。往往会让客户感觉到不

受尊重，让本来就微妙的商务关系陷入尴尬的局面。

商务应酬中，人们很容易忽略奉茶中的一些小细节，从而扼杀了合作的良机。在为客户奉茶的时候，主要注意这些小细节，才能引出客户商谈的欲望，让"话博士"顺利开口。

多备几种茶

对于茶，不同的客户有不同的喜好，有人喜欢绿茶，有人喜欢红茶，有人喜欢花茶……要想让客户满意，不妨绿茶、红茶、花茶、乌龙茶等各类常见茶叶都备上一点，因人而异，投其所好沏茶。

茶具要专业

现在许多人为了方便，常常用一次性纸杯沏茶。生活之中这无可厚非，然而这在商务应酬场上，却显出了你对客户的极端不尊重，也让客户自此轻视你。为客户奉茶，最好备有专业的茶具，才能更好地发挥茶的香味，营造商谈的和谐氛围。

茶水要清淡

茶水要清淡，除非客户主动提出浓茶要求。一般认为，饮茶不宜过浓，否则极有可能使饮用者"醉茶"（因摄入过量的咖啡因而令人神经过分兴奋，甚至惊厥、抽搐）。

左后侧奉茶

奉茶多是在主宾交谈之时，这时为了不打扰客户商谈的情绪，尽量从客户的左后侧奉茶，条件不允许时也可从右后侧奉茶，切不可从其正前方奉茶。

上茶不过三杯

中国人待客有"上茶不过三杯"这一说法，第一杯叫做敬客茶，第二杯叫做续水杯，第三杯则叫做送客茶。如若一再劝人用茶，却又无话可讲，则有提醒来宾"打道回府"的意味，在面对较为守旧的客户时切忌多次劝茶和续水。

注重奉茶的细节，才能给客户留下一个好印象，才能营造一种和客户商谈的融洽气氛，顺利进行自己的商业计划。要想做商务应酬高手，必须要通晓奉茶之道。

宴席上的接待礼仪

宴会的桌次、座位的安排及席间布置

宴会桌次的安排最为讲究。中国人习惯用圆桌。两桌和两桌以上桌次的安排有横、竖、花三种方式，可根据餐厅的不同形状

来确定，长方形餐厅采用直排或横排利用率较高，而正方形餐厅采用花排则更为美观。

西式宴会则一般采用长桌。桌形的各种变化，以参加人数的多少和餐厅的大小形状而决定。

但不论是中式宴会还是西式宴会，不论是二桌还是十桌、百桌，桌次大致原则基本相同，即主桌排定以后，其余桌次的高低以离主桌位的远近而定，离主桌越近的桌次越高，离主桌越远的桌次越低。平行桌以右桌为高，左桌为低。

桌次排定以后，更重要的是排定每一桌上就餐人员的席次，这项工作既复杂，礼仪要求又十分严格。

（1）中式宴会席次安排。中式宴会席次的安排相对容易。席次的高低与桌次的高低原理基本相同，即右高左低，先右后左。主宾应安排在第一主人的右侧，副主宾应安排在第二主人的右侧，以此类推。如有夫人同桌就座，按国际惯例，应将男女穿插安排，第一主人的右侧和左侧安排主宾夫妇，第二主人的右侧和左侧安排副主宾夫妇，依次类推。我国的习惯是以个人本身职务排列，以便谈话，如夫人出席，常把女方排在一起，主宾夫人坐女主人的右侧。如遇一些特殊情况时便要灵活掌握。比如主宾身份高于主人，为表示对他的敬重，可以把主宾排在第一主人的位置，而主人则坐在主宾位置上，第二主人坐在主宾的左侧。假如需要配译员时，一般应将译员安排在主宾的右侧；同一桌上需安排第二译员时，可将其安排在第二主人右侧与第三宾客隔开的座位上。

（2）西式宴会席次安排。西式宴会席次的安排有两种。这与圆桌席次的安排原理如出一辙。但要注意，不要把宾客排在桌端，如果有译员，自然也安排在第一或第二主人的右侧，与主人席间隔一席，以便主客交谈。也有译员不上席的，为便于主客交谈，可安排其坐在主人和主宾的背后。

冷餐台的菜台一般都用长方桌，靠餐厅四周或摆在餐厅的中央都可以。就餐者通常是自由走动用餐。如需坐下用餐，也可摆四五人一桌的方桌或圆桌，座位略多于全体客人数，以便与席者自由就座。

酒会一般摆小圆桌或茶几，以放置些花瓶、烟缸、干果、小吃等。无座席时，参加者可自由选择对象交谈。

席间礼仪

一旦到了宴请场所，并找到了入座的桌次以后，要注意桌上的座位卡是否写着自己的名字，不可随意乱坐。只有确认自己的桌次、座位无误，而主人或主宾又已经入座的情况下，才可从椅子的左方入座。入座后，坐姿要端正，不可用手托腮或将双臂肘放在桌上，也不要随意翻动菜单，摆弄餐具或餐巾，这些举动都会给人以迫不及待的坏印象，最好是将双手放在自己的大腿上。尽管脚是别人看不见的，但同样也应该守规矩，要平放在自己的座位下，把脚搁在椅档上或伸出去踢着别人会使旁人和自己都感到尴尬。有时，坐定以后，服务人员还会递上一方湿毛巾，此时应礼貌地接下来并轻轻擦拭自己的双手和嘴角，不可用它擦脸，更不能用它擦颈脖或手臂。

当主人示意用餐可以开始时，便可将桌上的餐巾抖开，平摊在自己的双腿上。但要请注意，中式餐是将餐巾全部打开，西式餐的午餐也是如此，而西式餐的晚餐则是将餐巾打开到双折为止。将餐巾塞在颈脖里或系在腰带上的做法早已过时。拿餐巾来擦餐具或酒具的做法更是失礼的行为，因为这至少表明你对餐酒具的清洁持怀疑态度。假如中途需要离开一下时，可将餐巾稍微折一下放回到桌上，也有人将其放在椅子上。

饮咖啡礼仪：轻缓啜饮不出丑

接待客户喝咖啡已经成为最通行、最简单的一种待客方式。

如果特意请客人喝咖啡，则应约定见面时间并大致估计一下约会要持续多长时间。约会地点既可以是办公室，也可以是比较考究的咖啡馆。

在这种约会之前，女性通常会为穿什么衣服而头疼。服饰应搭配和谐，简单而又大方，装饰不可过多。

如果是在晚上，除咖啡之外还可用些含酒精的饮料：上等白兰地和甜酒。但即使是最上等的葡萄酒也不适合喝咖啡时饮用。可以用些饼干、蛋糕、冰激凌、核桃、巧克力、糖果以及水果。

如果在咖啡馆约会，可要些热的甜食，例如鸡蛋饼、小煎饼、油炸饼、苹果馅饼、布丁以及烤菜青等。

如果是在办公室约会，应事先准备好餐具。最好能有一套茶具、咖啡具和酒具。喝甜酒用小高脚杯，喝白兰地用大高脚杯。咖啡勺和茶匙、糖块、钳子、水果刀、餐叉、碟子和漂亮的餐巾都是不可少的。最好不要让秘书负责服务，应雇一个"侍者"专门负责待客。

另外，在与客户聊天时，要注意，咖啡要趁热喝完，不必客气。如果只顾聊天而让咖啡冷却，就会有违邀请者的一番诚意。小匙是用来搅拌的，用后要放在碟子边上，不要用来舀咖啡。也不要一口气把咖啡喝完，而要慢慢啜饮。咖啡要全部喝完，才显得有礼貌。

喝咖啡是与客户沟通合作的过程，因此，喝咖啡也有不可忽视礼节。

怎样拿咖啡杯

在餐后饮用的咖啡，一般都是用袖珍型的杯子盛出。这种杯子的杯耳较小，手指无法穿过去；但即使用较大的杯子，也不要用手指穿过杯耳再端杯子。咖啡杯的正确拿法，应是拇指和食指捏住杯把儿，再将杯子端起。

怎样给咖啡加糖或牛奶

饮用咖啡时，也可根据自身的喜好和口味，添加牛奶或者糖块，而在添加这些配料的时候，也应该有所注意。咖啡爱好者对是否加糖和奶往往十分讲究，最好让客人自便，主人不必代劳。

另外，主人还要为懂得喝咖啡的行家另备一杯冷开水，使之与咖啡交替品尝，口味更显清纯。

添加配料的时候，最好自己动手。因为添加的配料是要根据自己的喜好来定的。所以，不可自作主张地为别人添加，否则，会造成别人的一种抵触情绪和不快感。若是他人为自己添加配料，则不宜责怪对方，而应该真诚地向对方表示感谢。

给咖啡添加牛奶时，可以直接操作，但是，切记要动作稳当，不要慌慌张张，避免出现将牛奶洒出的错误。给咖啡添加方糖时，应先用夹子把方糖夹放在咖啡碟上，以避免直接夹取咖啡放入杯中时的咖啡的溅出，然后再用勺子将方糖放入杯中。

如果是添加砂糖，可以直接用小勺舀取，放入杯中。

怎样用咖啡匙

咖啡匙是专门用来搅咖啡的，饮用咖啡时应当把它取出来，而不是用咖啡匙舀着咖啡一匙一匙地慢慢喝，也不要用咖啡匙来

捣碎杯中的方糖。

咖啡太热怎么办？刚刚煮好的咖啡太热，可以用咖啡匙在杯中轻轻搅拌使之冷却，或者等待其自然冷却。用嘴试图去把咖啡吹凉，是很不文雅的动作。

杯碟的使用

盛放咖啡的杯碟都是特制的，它们应当放在饮用者的正面或者右侧，杯耳应指向右方；饮用时，可以用右手拿着咖啡的杯耳，左手轻轻托着咖啡碟，慢慢地移向嘴边轻啜。不宜满把握杯、大口吞咽，也不宜俯首去就咖啡杯；喝咖啡时，不要发出声响；添加咖啡时，不要将咖啡杯从咖啡碟中拿起来。

咖啡馆的环境较好，因此，咖啡馆是与客户沟通或洽谈的选择地之一。因此，喝咖啡的过程，其实就是销售谈判的过程，喝咖啡时所要求的一些不成文的礼仪，也成了销售人员必须注意的细节。

咖啡的讲究比较多，那么在饮用时，我们应该注意什么呢？

在西餐中，无论什么饮料，都只能作为陪衬，咖啡也是如此。所以，饮咖啡也有自己应该注意的三点细节：

（1）有专业素养的商务人士在正式场合上喝咖啡，只是将其作为一种休闲或交际的陪衬。所以，咖啡最多不超过3杯，正所谓"过犹不及"，喝咖啡自然也要懂得"适可而止"。

（2）喝咖啡时，不要双手端杯，不要啜饮出声，更忌用小勺舀取食用。

（3）在普通情况下，一杯咖啡也得喝上十几分钟，所以，在喝咖啡的时候，我们需要慢慢品味，小口品尝。才能表现出举止的优雅和风度。

正确的拿咖啡杯的动作应该是，右手拇指与食指捏住杯耳，以此来端起杯子。

置于咖啡杯下的碟子，不仅是用来放置咖啡杯和咖啡匙，同时也可以承接溢出来的咖啡。当碟子上已经有溢出的咖啡时，应用纸巾吸干，不可随意泼洒。

饮用咖啡时，是根据具体情况来看是否要同时端起杯子和碟子的。如果离桌子较近且不走动，那么只要端杯就可；如果是需要四处走动或离桌子较远，则需要把杯碟同时端起，放置齐胸的位置。

送客礼仪：做好"身送七步"

在商务接待中，许多人对客户的迎接礼仪往往热烈隆重，却常常忽视了对客户的欢送礼节，这样就常常给人以"人一走茶就凉"的悲凉感，无形中引起别人的反感，为自己的成功增加了阻力。

在中国的商务应酬，许多的知名企业家都深知"身送七步"的重要性，商务人员更要铭记在心，以实际行动给客户贴心之感，才能拉近和客户的心理距离，促成、促进合作。

作为商务人员，不仅要认识到迎接客人的重要性，更要明白送客礼仪的重要性。不要做到了"迎人三步"，却忘记了"身送七步"，就可能给客户留下"虎头蛇尾"的印象，甚至造成前功尽弃、功亏一篑的悲惨局面。

因此，送客时应注意以下两点：

让客户先起身

当客户提出告辞时，要等客户起身后再站起来相送。

晚一步关门

许多时候，商务人士将客户送出门外，不等客户走远，就"砰"一声将门关上，往往给客户类似"闭门羹"的恶劣感觉，并且很有可能因此而"砰"掉客户来访期间培养起来的所有情感。因此，商务认识在送客返身进屋后，应将房门轻轻关上，不要使其发出声响，最好是等客户远离后再轻声关上门。

心理学上不但有首因效应，也有"末因效应"——"最初的"和"最后的"信息，都能给人们留下深刻印象，"最初的"印象尚可弥补，而"最后的"信息往往无法改变——"送往"的意义大于"迎来"。

做到"出迎三步"，你的商务应酬级别只能属于初步及格水准，做到"身送七步"，你才能迈入商务应酬优秀者的行列。商务应酬场上，"身送七步"，你做到了吗？

第六章

秘密全在小动作里

你的手会"说话"

你的手会"说话"

王女士是个热情而敏感的人，目前在一座大城市的某著名房地产公司任副总裁。有一次，她接待了建筑材料公司前来洽谈业务的销售经理田先生。田先生被秘书领进了王女士的办公室，秘书对王女士说："王总，这是 ×× 公司的田经理。"王女士离开办公桌，面带笑容，走向田经理。田经理伸出手来，和王女士握了握。王女士握到了一双有气无力的形同死鱼般的手，看看田先生那张毫无生气的脸，随后王女士客气地对他说："很高兴你来为我们公司介绍这些产品。这样吧，材料先放在我这儿，我看一看再和你联系。"这位经理在几分钟内就被王女士送出了办公室。几天内，田经理多次打电话，但得到的是秘书的回答："王总不在。"

到底是什么让王女士这么反感一个只说了两句话的人呢？王女士在一次员工会议上提到这件事说："首次见面，他留给我的印象糟糕透了，即使是身体不适，但遇到这种场合，他也应该打起精神，这可是关系到合作成败的重要时刻啊！可是他伸给我的手不但看起来毫无生机，握起来更像一条死鱼，冰冷、松软、毫无热情。还有他的那张脸，看起来就让人泄气。当我握他的手时，他的手掌也没有任何反应，握手的这几秒钟，他就留给我一个极坏的印象，他的心可能和他的手、脸一样的冰冷、毫无生气。他的手让我感到他对我们的会面并不重视。作为一个公司的销售经理，居然不懂得个人形象的重要性，他显然不是那种经过高度职业训练的人。而公司能够雇用这样素质的人做销售经理，可见公司管理人员的基本素质和层次也不会高。这种素质低下的人组成的管理阶层，怎么会严格遵守商业道德，提供优质、价格合理的建筑材料？我们这样大的房地产公司，怎么能够与这样作坊式的小公司合作？怎么会让他们为我们提供建材呢？"

如果你的双手冰冷无力，像条死鱼，再加上一副毫无血色的面容，这些会立刻传送出不利于你的信息，让你无法用语言来弥

补，它在对方的心里留下了对你非常不利的第一印象。有时也会像上面的那位销售经理一样，失去极好的商业机会。

因此，死鱼般的手是形象的死穴，在全世界，最让人憎恨的握手方式就是这种死鱼式的握手。这种握手方式，会让对方立刻感到被拒绝、排斥，这是最没有礼貌、最破坏自己形象的握手方式。虽然不是每个用死鱼式握手的人都是傲慢无知的，但是这样的握手留在别人心中的第一印象却是难以弥补的，这会给你带来极大的负面影响，甚至造成机会和财富的损失。

一位经理人在谈到当初面试新助手W君时说："当我们握手时，他那双结实的手，紧紧地握住我的手，上下摇动，好像我们是多年的老朋友，再看一看他阳光般健康灿烂的笑容，我完全被他的热情所融化。现在虽然他不再是我的助手，但却成为我的朋友。"

通过上述两个事例，我们不难知道握手的背后有着很多奥秘和内涵，正如加拿大形象设计大师凯伦所说："握手是一门如此有趣的艺术，它让我们在瞬间产生种种推测和判断，握手的信息是无言的，但它却是那么的丰富和微妙。握手是如此感性，但它却在对方开口之前，让我们感受到他的内心活动。"确实如此，通常，性格热情的人会有力地握住你的手，上下摇动以表示他渴望与你相见。性格冷淡甚至内心冷酷的人伸出的手则是冰冷、僵硬无力的死鱼似的手。所以，千万别伸出你死鱼般的手，一定要留给别人健康、充满活力的好形象。

把握握手的分寸

华盛顿作为上校时曾率领部队驻守在亚历山大市，他与一个名叫威廉·佩恩的人发生了冲突。原因是当时正值弗吉尼亚州议会选举议员，威廉·佩恩反对华盛顿所支持的候选人。据说，华盛顿与佩恩就选举问题展开激烈争论，说了一些冒犯佩恩的话。佩恩火冒三丈，一拳将华盛顿打倒在地。当华盛顿的部下跑上来要教训佩恩时，华盛顿急忙阻止了他们，并劝说他们返回营地。

第二天一早，华盛顿就托人带给佩恩一张便条，约他到一家小酒馆见面。佩恩料想必有一场决斗，做好准备后赶到酒馆。令他惊讶的是，等候他的不是手枪而是美酒。华盛顿站起身来，伸出手迎接他。华盛顿说："佩恩先生，昨天确实是我不对，我不可以那样说，不过你已然采取行动挽回了面子。如果你认为到此可以解决的话，请握住我的手，让我们交个朋友。"从此以后，佩恩成为华盛顿的支持者。

上面的小故事说明，握手可以产生化敌为友的神奇作用。不过，为了在这轻轻一握中，传达出热情的问候、真诚的祝愿、殷切的期盼、由衷的感谢，让别人喜欢你，我们有必要把握握手的分寸，掌握握手的细节。我们在行握手礼时应努力做到合乎规范，避免触犯下述失礼的禁忌。

（1）不要用左手相握。

（2）忌握手时戴着手套或不戴手套与人握手后用手巾擦手，那会让别人误以为你觉得他的手脏，是很失礼的。只有女士在社交场合戴着薄纱手套握手，才是被允许的。

（3）不要在握手时另外一只手插在衣袋里或拿着东西。

（4）不要在握手时面无表情、不置一词或长篇大论、点头哈腰、过分客套。

（5）不要在握手时仅仅握住对方的手指尖，好像有意与对方保持距离。正确的做法是握住整个手掌，即使对异性也应这样。

（6）不要在握手时把对方的手拉过来、推过去，或者上下左右抖个没完。

（7）不要拒绝握手，即使有手疾或汗湿、弄脏了，也要和对方说一下"对不起，我的手现在不方便"，以免造成不必要的误会。

在握手中，运用正确的方法，避免以上的错误，就能发挥握手的神奇作用。许多人都以为握手只是一种简单的礼节上的问候，殊不知，错误的握手方式留给别人的不良的第一印象却是难以弥补的。所以，正确的握手方式，是彰显良好的自我形象必不可少的一环。

女性应注意的握手细节

小新第一天上小学，在教室门口见到了自己的女老师。他像大人一样伸出手同老师握手，老师微笑着伸出右手，轻柔地握住小新的手。小新笑着对老师说："老师，你的力气比我爸爸小多了。跟他握手我的手会好疼哦。"

女老师的轻柔握手，并不是像小新认为的是因为力气小的原因，而是她本身的习惯。而且很多女性习惯于这种轻柔的握手方式。

在社交场合，女性握手时习惯运用比较小的力度，这种轻柔的方式传达出恭顺的信号。她们用这种方式区别于男性，从而彰显自己的女性特征。这样的握手方式可以传达你的温柔与细腻，但实际这样的方式在职场上反而会给你带来阻力。

因为女性习惯的轻柔握手如果控制不当很容易成为呆滞型的握手方式，也就是完全一点力度也没有，只是向对方伸出了手，但是不给出一点握力。这样的方式让对方感觉到你冷淡高傲，没有把对方放在心上，如果再加上手心黏腻的汗液，实在是令人反感。

女性的职场地位虽然越来越高，但不可否认现在的职场，男性无论从数量还是权力地位都还占据着主导权。所以如果一个女性想要在职场上获得更大的发展，就要避免过度地彰显女性特质，否则你的男性合作伙伴就很容易忽略你的工作身份，而把注意力集中在与工作无关的女性特点上。

除了握手的力度，女性还要注意自己的指甲，很多女士都喜欢留长指甲，因此在握手过程中难免会发生指甲划到别人手的情况，无论你划得轻还是重，都会给对方带来一定的困扰，造成一定的尴尬，所以，女士们，请先修剪你的指甲，留有长指甲的手伸出的时候要倍加小心，千万别给对方留下痕迹。

握手所能传达出来的个人信息是相当多的，所以一定要重视。如果你在和别人的首次见面时使用了呆滞的握手方法，很可能让对方认为你是一个缺乏责任感的人。而且因为你不想使用一点力度，显得你对彼此的关系并不看重，并不想进一步地沟通，因为你一点儿也不想投入和付出。所以，女士们要注意了：保持手部的干燥，注意自己的指甲，并且在握手时适当用力，才能让你的握手不成为你形象的败笔。

轻触他人的手，让你给他人留下好的印象

美国的心理学家近来研究发现，有意识地轻轻触碰一下对方的手可能会给别人留下很好的印象，更为有趣的是，如果你从事的是服务行业工作，那你的这一举动还可能会带给你更多的收入。

为此，心理学家还专门做了一个小测验。他们让一家饭店的部分服务员在客人结账时有意识地轻轻触碰一下客人的手肘或是手。结果发现，这样做的女性服务员从客人那里得到的小费要比没有这样做的女性服务员多 40% 左右，而男性服务员也这样做时，其所得小费也要比没有这样做的男性服务员多 30% 左右。

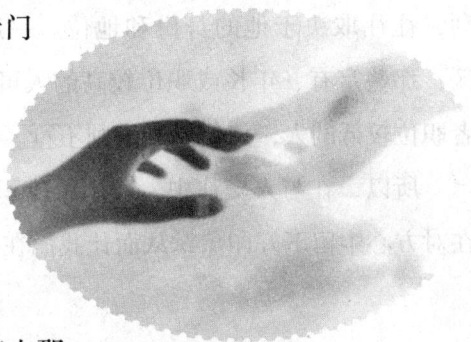

通过上面的案例可以看出，轻触他人的手，可以让自己在对方心中留下美好的印象。不仅如此，与新同事或是新朋友见面时，如果你在与其进行握手的同时能用自己的另一只手去轻轻触碰一下他的手或手肘，然后再重复一遍他的名字，对方就会感觉你非常尊重和在意他。如果你在与他谈话时，也能偶尔地触碰一下对方的手或手肘的话，就能让对方更加认真倾听你的话语，从而给他留下一个好的印象。

不过，有些时候，轻轻触碰对方肩部或背部可以看做是给予其鼓励，如老板在听完某位员工的述职报告后，简单地轻拍了一下该员工的背部，这往往就是表示对其工作成绩的肯定和鼓励，但是，在很多其他场合中，身体接触则是一个敏感问题。

此外，在一些国家和地区，一个人是否具有触碰他人的权利，往往取决于他的身份和地位。一般来说，在这些国家和地区，那些富有、年长或职位较高的人可以触碰那些年轻、贫困或者职位较低的人，但是反过来则不行。

所以，在与人交往中，我们可以积极利用这个特点，让自己在对方心中留下好印象，从而让我们在社交活动中如鱼得水。

双手叉腰——你的形象更具威慑力

在美国西部牛仔片中，总能看到这样的景象。牛仔昂首挺胸地面对敌人，他们的大拇指叉在胯部的口袋里，而把其余的指头伸在外面。手臂在身体两侧弯曲着，就像我们平常的叉腰姿势一样。

这种西部牛仔的姿势是在告诉别人"我是个男子汉——我可以支配一切"，而两手叉腰的姿势则让男性的身躯显得更加伟岸。为什么会有这样的效果呢？因为两手叉腰的姿势能够让你占据更多的空间，从而让你显得更加魁梧和打眼。

动物界中，很多动物也会用一些办法让自己看起来更强壮。比如鸟儿们会抖动自己的羽毛，鱼儿会吸入大量的水以促进身体膨胀，猫和狗会努力让身上的毛竖立起来，这些做法的目的都是使得自身体积看起来更大，而更大的个头在动物界通常就是更有争斗力的表现。而体毛并不丰富的人类无法使用这种方式达到目的，于是他们想出了另一种方法，这就是双手叉腰的站姿。

叉腰的双手无疑能扩大你的影响范围，就像鸟儿们竖起的羽毛一样，双手叉在腰上也就像给我们自己安上一对额外的翅膀，让我们的形态看起来更加庞大。两个男人的站立谈话场合，你也可以看到这种姿势，而两人之间似乎是很友好地在进行谈话。事实上，两人都潜意识里使用这种姿势向对方传达信号："我才是控制者，你说话最好要小心。"有时候，男性会把拇指塞进皮带或者放在裤子口袋里，很多男人都用这种姿态来表现攻击性态度。

这种叉腰的姿势在女性中也能见到。比如时装模特在进行 T 型台表演时，就会做出两手叉腰的动作，这是为了更好地展现女性魅力，从而为服装增彩。因为双手所放的位置正是女性身体弧度很大的部位，这个部位也是极具异性吸引力的地方，女性在潜意识里明白这一点，所以这种姿势也可以看做是一种炫耀性的动作。

不过，双手叉腰毕竟还是在男性中比较常见，他们在感觉自己的领地被其他男性觊觎时，会用这样的姿势向入侵者发起无声的挑战。因此，两手叉腰是一种明确的警告姿势，男性用这个姿势震慑对方。

所以，为了我们自身的形象，应该正确地运用双手叉腰的姿势，不应由无心地双手叉腰使对方产生被压迫心理。也可以在适当的时候，为了维护自己的形象摆出这个姿势，威慑对方，表明自己不可侵犯。

第二节 ❧——

人际交往，谁说微表情不管用

成功地运用目光，胜过千言万语

谈判桌上的双方此时进入了对峙阶段，一方的谈判代表之一开始言辞激烈地阐述自己的优势。他的声调越来越高，突然他看到女上司注视着自己，眼神严厉而不是赞许。虽然女上司没有直接制止他的讲话，他还是就此打住了。谈判后来取得了胜利，女上司对他说："当时他们已经有所动摇，你太过激烈的表现会引起反感。还好你明白了我的意思。"

女上司用威严的目光制止了下属的发言，而不是直接打断他的讲话，这样的做法既获得了谈判的胜利，又为下属保全了面子。所以，有的时候一个眼神更胜过千言万语。

通常情况下，眼睛能够告诉你人们内心的想法。会面的两个人如果彼此较多地注视对方的眼睛，那就代表他们彼此之间都很感兴趣，或者对所谈的话题有热情。相反如果话不投机，彼此之间就会尽量避免注视对方，这样可减轻紧张的形势。如果你想在争辩时获胜，那就千万不要移开目光。如果你希望加强某种感觉，可以用眼神来辅助；如果你想减轻某种感受，就减少眼光接触。

当女性面对男性时，通常较审慎地看着男人。不过，同样是被注视，女人却比男人更容易把眼神移开。这可能是因为女性对身体语言更加敏感，所以害怕自己在交往中因为眼神而泄露了秘密从而处于弱势。据说某著名外交官为了避免眼神泄露内心的秘密，就习惯在谈判中戴上墨镜，这样就可以避免被对方抓住弱点，而与对手展开持久战。

不过，使用目光接触要得当，目光注视超过5秒钟就成了凝视。而且女性长时间地注视异性也会让人误解你的信息。所以，在与对方交谈时既要注视对方，又要避免凝视带来的副作用。要让对方从你的视线中感到你的真诚、友善、信任、尊重的情感。切忌视线向上，这是傲慢的表示；视线向下，这是忧伤的表示；环顾左右，这是心绪不宁的表示。

因此，目光接触是非语言沟通的主渠道，是获取信息的主要来源。人们对目光的感觉是非常敏感、深刻的。通过目光的接触来洞察对方心理活动的方法，我们称之为"睛探"。目光接触可以促进双方谈话同步化。在与对方交谈时，一定要用眼正视对方，让别人更有效地理解你的思想感情、性格、态度。同时，通过"睛探"，可以更好地从对方的眼神中获得反馈信息，及时对你的谈话进行必要的调整。通过这样的审时度势，一旦发现问题，可以随机应变，采取应急措施，从而作出有利的决策，保障自己的形象及利益不会受损。

真诚的微笑使你的形象闪光

百货店里，有个穷苦的妇人，带着一个约 4 岁的男孩在转圈。母子俩走到一架快照摄影机旁，孩子拉着妈妈的手说："妈妈，让我照一张相吧？"妈妈弯下腰，把孩子额前的头发拢在一旁，很慈祥地说："不要照了，你的衣服太旧了。"孩子沉默了片刻，抬起头来说："可是，妈妈，我会面带微笑的。"

相信看到这儿，每个人的心都会被那个小男孩所感动。因为小男孩的话无意中道破了一个真理：只要有真诚的微笑，生活永远都是崭新的。

没有什么东西能比一个阳光般灿烂的微笑更能打动人的了。微笑具有神奇的魔力，它能够化解人与人之间的坚冰，同时，微笑也是你身心是否健康和人生是否幸福的标志。一旦你学会了微笑，你就会发现，你的生活从此会变得更加轻松，而人们也喜欢享受你那阳光般灿烂的微笑。

法国作家拉伯雷说过这样的话："生活是一面镜子，你对它笑，它就对你笑，你对它哭，它就对你哭。"如果我们整日愁眉苦脸地生活，生活肯定愁眉不展；如果我们爽朗乐观地生活，生活肯定阳光灿烂。既然现实无法改变，当我们面对困惑、无奈时，不妨给自己一个笑脸，一笑解千愁。

真诚的微笑，可以解除忧愁，也可以使人们有生活下去的勇气。不仅如此，因为微笑能加快肺部呼吸，增加肺活量，能促进血液循环，使血液获得更多的氧。

微笑是一种心态的外在表现，这种魔力不仅能够给日渐枯萎的生命注入新的甘露，也会使你的人生开出幸福的花朵。微笑的后面蕴含的是坚实的、无可比拟的力量，一种对生活巨大的热忱和信心，一种高格调的真诚与豁达，一种直面人生的智慧与勇气。而且境由心生，境随心转。我们内心的思想可以改变外在的容貌，同样也可以改变周遭的环境。

不过，在生活中，不是只存在真诚的微笑，还有虚伪的笑，也就是我们说的假笑。比如拍照时，我们喜欢说"茄子"，因为这个词语的发音可以使颧肌肌肉收缩，达到微笑的效果。可是，这样拍出来的笑容并不真实，因为当我们假笑时，只会在嘴的四周出现细纹，而当一个人发出真心的灿烂笑容时，眼角和嘴角都是会浮现出细细的纹路的。

一般情况下，假笑都是与虚伪挂钩的，不是发自内心的笑。我们经常说"皮笑肉不笑"，就是假笑。虚假的笑，矫揉造作，为了掩盖自己不可告人的用心而故作微笑。时间久了，自然会被识破。所以，就我们自己来说，我们提倡真诚的笑。但平时的"练习"也并不就是假惺惺的。因为人在微笑或大笑的时候，不管是否真的有特别开心的感觉，左半脑里的"快乐空间"都会感到兴奋，而脑电波也会因此而变得活跃起来。这样的练习增多，人就会变得爱笑，并且有更多时候会发自内心地笑了。

不过，就像善意的谎言一样，善意的假笑也并不是没有一点可爱之处。现实生活中绝大多数人都无法准确地区分真笑与假笑，而且只要看见有人冲我们微笑，我们大都会有一种满足感。如果对方没有什么用心，只是单纯地为了彼此的友好而假笑，也是可以原谅的。

真诚的笑是阳光的美丽外衣，一个笑容就像一个穿过乌云的太阳，能够给人带来信心和希望，并拉近人与人之间的距离。所以，真诚地绽放你的笑容吧，这个简单的动作可以为你的形象带来不可估量的增值。

轻抬眉毛表达好感

轻抬眉毛的动作从远古时代就已经广泛使用了，人们向距离稍远处的人打招呼的时候会使用这个动作，迅速地轻轻抬一下眉毛，瞬间后又回复原位，这个动作可以把别人的注意力引到自己的脸上，让人家明白自己正在向他问好。这个动作几乎全世界通用，甚至你在猴子和猩猩的社会中也会发现它的使用率相当高。

当一个人在做此种姿势的时候，他会迅速扬起自己的眉毛，然后又迅速降下，从而让别人注意到自己的脸，从而认出自己。如此一来，可能的话，双方便可以进行进一步的交流了。

需要注意的是，当一个人对他人扬起眉毛，除了有向远处的人打招呼的意思之外，它还可能向对方传达这样一些信息："我承认你的存在"，"我很吃惊，居然在这里看见了你"，"我很害怕你"，"我知道你的存在，但请你放心，我不会威胁到你"。因而，在某种程度上来说，对他人扬眉是一种较为礼貌的招呼别人的方式。这可能也使很多人认为，和某人初次见面时如果对方不对自己扬眉，那么此人可能是来者不善。心理学家下面的这个实验也似乎证明了这一点。实验中，心理学家让甲坐在一家酒店的门口，用眼睛看着那些来来往往的顾客，但眉毛不准上扬。结果，很多顾客在和甲进行短暂的眼神交流后便匆匆离开了，一些顾客离开时脸上甚至还带着几丝恐慌的神色。随后，心理学家又派乙坐在这家酒店的门口，要求他也用眼睛看着那些来来往往的顾客，同时，还要求他在和顾客进行眼神交流的时候，眉毛必须上扬。这次的结果和甲得到的结果大相径庭，当乙向那些来来往往的顾客扬眉微笑的时候，很多顾客也对他扬眉微笑，还有一些顾客居然走到乙的身边和他交谈起来。

轻抬眉毛能够表达你的好感，因而也能吸引别人的对你的好感，所以，不要吝啬你眉毛的表情，让你轻抬的眉毛为你建立更好的形象吧！

这些举动出卖了谁

脚踝相扣

身体语言专家研究表明，脚踝相扣是一个人表示对对方持有否定或防御的态度。由于性别的不同，男性和女性在做这一姿势时，在具体方式上存在一定的差异性。男性在锁定脚踝时，通常还会双手握拳，并将其放在膝盖上。有时，一些男性则用双手紧紧抓住椅子或沙发两边的扶手。女性的这个姿势则有些不同，她们会将两膝紧紧靠在一起，两脚分别在左右两边，两手并排摆放在大腿上，要么就是一只手放在大腿上，然后再把另一只手放在这只手上。

大量的研究证实，这是一种努力控制和压抑消极、否定、紧张、恐惧或是不安情绪的人体姿势。如果一个人做出此种姿势，则表明他在心里极力克制、压抑着自己的某种情绪。比如在法庭上，开庭之前，几乎所有的涉案人员就座在各自位置上，他们通常会双腿交叉，双脚相别。而在审判的过程中，受审人员为了减轻心中的压力和消除自己心头的恐惧、恐慌情绪，便会紧紧地将脚踝靠在一起。这无疑显示了他们紧张、恐慌的心理。再如，面试时，如果你留心一下参加面试人员的脚部情况，你就会发现，很多人几乎都会做同样的姿势——把踝骨紧紧锁在一起。这个姿势就泄露了面试者心理情绪状态，即他们在努力克制自己心头的紧张、压抑、恐慌等情绪。此种情况下，为了帮助面试者控制好情绪，面试官就会暂时岔开主要话题，或者直接走到面试者旁边坐下，以拉近彼此间的距离，从而让其消除心头的压抑和紧张。如此一来，双方就能在一个相对轻松、友好的氛围中进行交流了。

脚踝相扣除了表示一个人在心里进行自我克制以外，它有时也是一种踌躇不决的信号。比如，在谈判的过程中，经验丰富的谈判专家在看见对方做出踝部交叉的姿势后，其心里往往会暗自窃喜，因为这个姿势表明对方心里可能隐藏一个重大的让步，只是他现在心里摇摆不定，究竟要做多大的让步才合时宜。此种情况下，那些经验丰富的谈判专家会立即向对方提出一系列试探性问题，并采取一切可能的措施，让对方尽快改变这种犹豫不决的体式，以便促使对方最终作出较大的让步。

女性在公共场合常常夹紧双腿、脚踝相扣，尤其是身着短裙的女性。虽然我们可以从规避走光的角度出发去推测女性紧夹双腿姿势的含义，但实际上，短裙并不是关键，心里的不安才是真正原因。从一些并没有穿短裙的女性身上，你还是可以看见这些动作。比如，她们会把脚踝扣在一起，双膝并拢，两只脚置于身体同一侧，双手并排或是交叠着轻轻放在位于上方的那条腿上。男性也有脚踝相扣的姿势，但此时他们更习惯让双膝敞开。而女性则尽量并拢双膝，减少两腿之间的缝隙。

紧夹双腿，脚踝相扣，这样的姿势会暴露你的恐惧与不安，只会让你和他人之间的对立局势延长。因此，多多练习使用积极、开放的姿势，可以增进自信心，树立更好的形象，因而协调好和别人的关系。

双臂交叉

门铃响了，杰克打开门，看见推销员一脸谄媚的笑容。他不由得将双臂交叉抱于胸前，直直地瞪着推销员。杰克的姿势让推销员很失望，他试图说了一段广告词后发现杰克还是这个姿势，于是悻悻地走了。

这是个有经验的推销员，他明白杰克的姿势代表什么，当尝试无果时就放弃了浪费精力的做法，去别的地方碰碰运气。

大多数人对交叉双臂这个动作所代表的含义都有共识，那就是：否定或防御。我们常常会看到彼此陌生的人们在感到不确定或不安全的时候摆出这样的姿势。我们先来看什么时候这个动作的出现频率比较高。站立的两个人谈话时会出现这个动作，身边皆是陌生人的公共场合，做出这个动作的可能性也比较大。

与人交流时，人们对所听到的内容持否定或消极态度的时

候，通常会做出交叉双臂的动作。当你与他人交谈时，如果看到对方摆出了双臂交叉的姿势，你就应该立刻意识到自己可能说了对方并不认同的观点。做出这样的姿势后，对方即使口头上表示赞同你的观点，他的肢体语言也已经很明确地告诉你，他并不赞成你的话，他不会轻易地走出自己的世界，而你也很难融入其中。而一些公众场合中，面对很多的陌生人，人们通常都会交叉双臂，就好像与外界之间筑起了一道障碍物，将你不喜欢或者觉得不安全的人或物统统挡在外边。

很显然，这样拒人于千里之外的动作，在当今这样一个处处需要与人打交道的社会中是有碍进一步沟通的，也会留给人们"这个人不好说话""这个人很冷漠"的印象。不过，想要改变自己的习惯很难，必要的时候，可以在手里拿着什么东西，或者找一件事情做，被占据的双手是不方便做出这个姿势的，所以可以较为方便快捷地改变双臂交叉的习惯。

头枕双手

某公司职员们发现刚刚晋升的销售部经理突然间有了这样一个习惯动作，当他坐在自己的椅子上时，喜欢把头向后仰，然后用双手枕住，使得双臂弯曲折在脑后，形成一个类似于羽翼的形状。于是，很多职员偷偷讪笑他——越来越有官相了。

晋升以前，经理并没有经常做出这种头枕双手的姿势，但新的地位却让他养成了这个习惯。由此可证明，这个动作与他的新身份有相衬的地方。

一般情况下，头枕双手的姿势经常见于管理层的职员，刚得到晋升的男性经理也会突然开始习惯于做这个姿势，尽管他在被提拔之前很少做出这种姿势。通常是管理者在他们的下属面前做出这个姿势，很少见到面对自己的上级做出这个姿势的职员。

头枕双手的姿势也可以看做是两手叉腰姿势的坐姿版本，和两手叉腰时一样，手肘颇具威胁意味地向外凸出，唯一的不同点在于两只手不是叉在腰上，而是放在后脑勺上。这个姿势往往会和 4 字腿坐姿或者展示胯部的姿势相结合，显示出当事人不仅自我感觉良好，而且还想要获取支配地位。同样，这也基本上属于男性专用的身体姿势。男人们通常用这种姿势给其他人施压，或者故意营造出一种轻松自如的假象，以此麻痹你的感官，让你错误地产生安全感，从而在不知不觉中踏上他预先埋好的地雷。

这种姿势代表着自信和无所不知，那些自我感觉高人一等，或是对某件事情的态度特别强势、自信的人，就会经常做出这个姿势。仿佛在对旁人表示"我知道所有的答案"，或是"一切都在我的掌控之中"。

所以，除非必要情况，不要经常使用头枕双手的动作。这个动作很容易疏远你和下级间的距离，并给人一种高高在上、骄傲自大的印象，久而久之，会使人对你的形象产生误解，并很难改变。

紧握双手

很多时候，当一个人双手握拳，我们就会认为他对自己充满了自信，因为他在摆出这个姿势的同时，脸上往往还带着微笑。但是，美国心理学家布莱德曼经过研究证实，在很多情况下，一个人做出此种手势其实并不代表着他非常自信，恰恰相反，它代表此人正处于一种焦虑、紧张，或者是失望、悲观的情绪之中。

根据紧握双手时摆放的位置，布莱德曼将这一手势分为三种情况，其一是将双手握拳放在桌上，此种情况多见于各种谈判场合，其透露出来的负面信息较为明显；其二是将紧握的双手放在自己面前，此种情况多见于与朋友、上级交谈之时；其三是将紧握的双手放在腹部前方（处于站立状态时）或是大腿上（处于坐姿状态时），此种情况多见于与老师、家人交谈之时。

通过实验，布莱德曼还发现，一个人紧握双拳时，其手举的高度和他心中负面情绪往往是成正比的，也即当一个人心情越糟糕、越沮丧、越失望，其手举的位置就越高（但不会高过下巴），反之，则越低。

在生活中或者工作中，如果别人对我们的第一印象就是"这个人看起来很没有精神""这个人被负面情绪包围着"，那将是很糟糕的。因此，在与人交往中，要注意自己的双手，并通过双手的组合方式及摆放位置判断自己的情绪变化，并及时调整，切忌由自己的手泄露出消极情绪，使大家都看出你的挫败感，进而给别人留下消极的印象。

第七章

一开口就能说服
所有人才叫会沟通

为什么有些话人们不爱听

过分炫耀会拉低形象

生活中，有些人总喜欢在别人面前炫耀自己的得意之事，总以为这样就会让别人高看自己、敬佩自己。殊不知，别人并不愿意听你的得意之事。特别是失意的人，你在他面前炫耀自己的得意之事，他会更恼火，甚至讨厌你。

一次，有人约了几个朋友来家里吃饭，这些朋友彼此都是熟悉的。主人把他们聚拢来主要是想借着热闹的气氛，让一位目前正陷入低潮的朋友心情好一些。

这位朋友不久前因经营不善，公司倒闭了，妻子也因为不堪生活的压力，正与他谈离婚的事，内外交迫，他实在痛苦极了。

来吃饭的朋友都知道这位朋友目前的遭遇，大家都避免去谈与事业有关的事，可是其中一位姓吴的朋友因为目前赚了很多钱，几杯酒下肚，忍不住就开始谈他的赚钱本领和花钱功夫，那种得意的神情，连主人看了都有些不舒服。

那位失意的朋友低头不语，脸色非常难看，一会儿上厕所，一会儿去洗脸，后来他猛喝了一杯酒，就匆匆离开了。主人送他出去，在巷口，他愤愤地说："老吴会赚钱也不必那么神气地炫耀啊！"

如果你不想失去朋友或客户，就要时刻注意把得意放在心里，而不是放在嘴上，更不要把它当做炫耀的资本，这样只会令你失去得更多。

不要总在别人面前炫耀自己的成就和好运，自恃才高而目空一切的人令人讨厌，而那些因身居高位、大权在握而自傲的人更是令人讨厌。要知道，你越是挖空心思地想得到别人的崇拜，你就越不能得到它。想得到他人的崇拜，要看你值不值得别人尊重。重要的职位要求你具备相当的威仪与得体的礼仪风采与之相配。一心想在他人面前表现出竭力苦干的人，反而给人一种不胜其任的感觉。如果你想获得成功，就要凭借自己的天赋和实力，而不是凭借华而不实的外表。

任何人潜意识里都是争强好胜的，所以，你不恰当地炫耀往往会刺伤别人。不论你的目标为何，如果你想追求成功，谦虚都是必要的特质。

每个人都非常重视自己，喜欢谈论自己，都希望别人重视自己、关心自己，如果你在和他们交往时，表现出一种谦虚的态度，让他谈出自己的得意之处，或由你去说出他的得意之处，他肯定会对你有好感，肯定会与你成为好朋友的。

在这个不再是独自打天下的社会，如果能让朋友认同你、帮助你，那你追求成功就容易多了。

因此，在与人沟通交流时，我们必须学习低调做人，对于炫耀的话要多听少说，免得损害自己的形象，成为别人厌恶的对象。

喋喋不休让人生厌

任何人都不喜欢别人在自己面前喋喋不休，抓不住重点的谈话会让人很快失去聆听的兴趣，而喋喋不休的人就像一只讨人厌的苍蝇，在人的耳边嗡嗡响个不停，实在让人难以接受。这种现象在营销领域尤其突出，我们常常发现一些说话滔滔不绝的业务员，他们想通过自己的话来打动客户，但是却往往招致别人的厌烦而适得其反。事实上，喋喋不休的业务员通常还不如那些懂得适时沉默的业务员。

开始时，小李向别人推销保险时总是赖在别人面前不走，直到把对方累垮，但是业绩毫无起色，久而久之，他对自己的推销能力也产生了怀疑。后来在别人的帮助指点下，他决定："并不一定要向每一个我拜访的人推销保险。如果推销的时间超过预订的长度，我就要转移目标。为了使别人快乐，我会很快离开，即使我知道如果再磨下去他很可能会买我的保险。"

这样做竟然产生了奇妙的效果："我每天推销保险的数目开始大增。有些人本来以为我会磨下去的，但当我愉快地离开他们之后，他们反而会主动找我，并且说：'你不能这样对待我。每一个

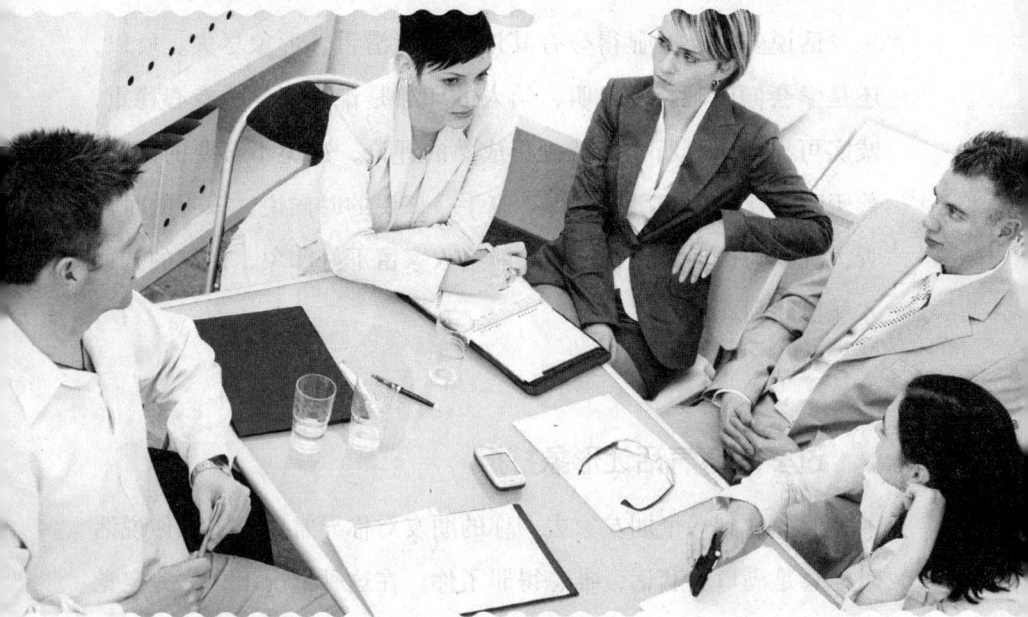

推销员都会赖着不走，而你居然不再跟我说话就走了。你回来给我填一份保险单。'"

俗话说："话多不如话少，话少不如话好。"话多的人不一定有智慧，不一定能取得好结果，说话懂得适度沉默原则，才是把话说好的王道。

所以，在生活中，我们不能喋喋不休，说个没完没了。如果你是一位女性，尤其应该对此引起重视，因为你更易犯下这一错误，而且这一弱点危害甚重，直接影响或危及你的说话效果。所以，如果你想让自己获得成功，也让他人得到尊重，那就从现在开始——不再唠叨！

话说多了，会显得夸夸其谈、油嘴滑舌、形象尽失。所以，还是学会倾听吧。注意听，给人的印象是谦虚好学，专心稳重，诚实可靠；认真听，能减少不成熟的评论，避免不必要的误解；善于听，让你做起事来更得心应手。该说的时候说，该听的时候听，沉默与说话相结合，你才能给人家留下好印象，你们的沟通才能更顺利。

过多的客气话让形象打折

假如你到一个朋友家去，你的朋友对你异常客气，和你说话时他总是满口客套话，唯恐得罪了你。在这种情况下，你一定觉得如芒刺背，坐立不安，直到离开他家，才觉得如释重负。

这种情形你大概遇见过不少，但是你必须想一想，你是否也如此对待过来客呢？

虽然是客气，但这种客气显然是让人受不了。"己所不欲，勿施于人"，请记住这句名言。

刚开始会客时的几句客气话倒没什么，若继续说个不停就不太妥当了。谈话的目的在于沟通双方的感情，加深双方的了解，而客气话则恰恰是横阻在双方中间的墙，如果不把这墙拆掉，人们只能隔着墙做一些简单的敷衍酬答而已。

朋友们初次会面一般都略客套，而第二、第三次见面就免去了许多客套。那些"阁下""府上"等名词如果一直用下去，则真挚的友谊必然无法建立。

客气话是表示你的恭敬和感激的，不是用来敷衍朋友的，所以要适可而止，多用就会显得迂腐、浮滑、虚伪。有人替你做了一点小小的事情，比如说倒一杯茶吧，你说"谢谢"也就足够了。要是在特殊的情况下，也最多说"对不起，这事情要麻烦你"就够了，但是有些人却要说"呵，谢谢你，真对不起，不该这点小事也麻烦你，真让我过意不去，实在太感谢了……"一大串客套话，让人感到非常不舒服。

说客气话的时候要充满真诚，像背熟了一般的客气话最易使人讨厌。说话时态度更要温和，不可显出急忙紧张的样子。此外，说客气话时要保持身体的平衡，过度地打躬作揖、摇头弯身并不是一种雅观的动作。

把平时对朋友太客气的语言改成坦率的词语，你一定能获得更多的友谊。对平时你从来未表示客气的人们稍说一些客气话，如你的孩子、商店的伙计、出租车司机等，你一定会收到意想不到的好处。

要避免过分的客气。在一个朋友家中，如果你显得随便自然一些，主人也就不会过分地客气了。而当你是主人的时候，你也可以运用这一方法。

总之，说话要实在不要虚假，这是说话所具备的条件之一。适当地客气是懂礼貌的表现，而过于客气则会成为一种敷衍。所以，要客气，但不要过于客气。

会说话的孩子才有糖吃

恰当的称呼打造你的懂礼形象

王女士平时很注意美容保养，可毕竟岁月不饶人，这两年脸上的皱纹越来越多，还长了不少老年斑，为此，王女士时常对着镜子发愁，哀叹自己青春不再。

一天，王女士去菜市场买菜，一个年轻姑娘迎上来说："阿姨，我们家的菜可新鲜了，看看您需要点什么？"

没想到王女士的脸色突然就变了，没搭理那个姑娘径直走了。这位姑娘感到很纳闷，不明白是怎么回事。旁边的人悄悄对姑娘说："她不喜欢别人叫她阿姨，你得叫她大姐，她就对你热情了。"

原来，这位王女士最怕的就是别人提到她的年纪，虽然年纪大了，却不喜欢别人叫她"阿姨"。卖菜的姑娘不小心触到了她的痛处，她家的菜自然推销不出去。

第一次与人见面，首先涉及的问题就是如何称呼别人。有礼貌地称呼别人，是说话办事顺利的第一步，如果称呼不当，轻则造成尴尬，重则引起别人的反感和愤怒，导致交流不畅甚至中断。懂得恰当称呼别人的人，才会让人喜欢，说话办事也更加顺利。

可见，恰当地称呼别人也是一门艺术。聪明的人在称呼别人时总是谨慎小心，综合考虑对方的年龄、身份等多种因素，说话办事才不至于吃闭门羹。要做到恰当地称呼别人，主要需要注意以下几个方面：

参考对方的年龄

一般场合下，人们都会依据年龄来称呼别人，这是最普遍也最方便的办法，通常情况下不会出错。但这里有一个问题要注意，俗话说："逢人短命，遇货添钱。"意思是说，人家的年龄，要少说三五岁，人家的东西，要往贵了说。许多人都不喜欢别人称呼他"老×"，尤其是女性，对年龄非常敏感，能叫"大姐"的就别叫"阿姨"，能叫"阿姨"的就别叫"奶奶"。

参考彼此的关系远近

人与人之间的关系有远有近，在称呼的时候也应有所区别。明明是普通朋友却用非常亲昵的称呼，难免让人误会，认为你故意套近乎，相反，如果是比较亲近的关系却用了非常客套的语言来称呼，让人感觉十分见外。朋友之间，恰当地使用一些有趣的昵称也有助于增进感情。有的昵称则不是所有人都能用的，只有家人或其他关系密切的人才能用，这种特定的昵称也是表达亲密关系的一种方式。

参考对方的身份职业

不同身份职业的人有不同的语言习惯，在称呼别人时要注意符合对方的习惯，有助于更好地沟通。例如在农村遇到老大爷，如果称呼对方"老先生"，恐怕没有人会知道你在叫他。而如果对有身份地位的年长男士称呼"大叔""大爷"，恐怕他也不会愿意跟你说话，应该配合其职业称呼"王老师"等。

参考当地的语言习惯

不同地区对于相同的对象的称呼可能不同，如果不加留意，很可能闹出笑话。例如一些地方把儿子的老婆称为"媳妇"，而有的地方则称为"儿媳妇"，"媳妇"则专指自己的老婆，一字之差就意味着不同的家庭关系。再如，中国人经常把配偶称为"爱人"，在外国人的意识里，"爱人"是"第三者"的意思。

想要成为一名受欢迎的人，在与他人初次见面时就一定要注意恰当地称呼别人，这样才能建立一个懂礼的办事形象，赢得别人的好感，使得交流能够顺利进行。

看清身份再开口

与陌生人相处时，要懂得遇到不同的人说不同的话，以便满足对方的心理需求，从而赢得对方的好感。

与人说话，先要明白对方的个性，看清对方的身份后再开口，根据对方的说话方式和喜好来调整自己的说话方式。

与地位高于自己的人谈话要保持个性

在与地位高于自己的人谈话时，要保持自己的个性，维持自己的独立思考，不去做一个应声虫。

同时，与地位高者谈话还应注意以下几点：

（1）态度表现出尊敬。

（2）对方讲话时全神贯注地听。

（3）不随意插话，除非对方希望自己讲话。

（4）回答问题简练适当，尽量不讲题外话。

（5）说话自然，不紧张。

与老年人谈话要保持谦虚

长辈教育后辈时常说："我走过的桥比你走过的路还多。"这是很有道理的。老年人虽然接受的新鲜知识较后辈少，可是无论怎样，其经验要丰富得多。因此在与长者谈话时，要保持谦虚的态度。

人们不喜欢别人说自己年高，他们喜欢显得比自己的真实年龄更年轻，或努力获得如一个青年人一般的活力和健康的神气，这并非说他们企图隐瞒自己的年龄。事实上他们或许是因为他们自己能生活得很健康而感到骄傲。

所以我们与老年人谈话时，不要直接提起他们的年纪，而只提起他们的工作和成就，这样就能温暖老年人的心，而使他们觉得自己是一个非常令人喜欢的人。

老年人较之常人更易情绪激动，在他们的一生中，曾有过许多值得骄傲的事情，而他们就喜欢谈论这些作为。他们常喜欢人家来求教于他和听他的劝告，喜欢人们尊敬他。

其实，与老年人谈话是很容易的，因为他们很喜欢谈话。他们说话常滔滔不绝，如果打断他，就会显出粗鲁无礼的样子。因此，有时与他们谈话很费时间，可是，只要用心听，他们的话是很有裨益的。

与年幼者谈话要保持深沉

在与年幼者谈话时要保持深沉、慎重的态度。这是因为年幼者的思想虽然超前，但有些方面的知识不及自己，因而不宜降低身份，还要注意不要给他们机会直呼己名。

与年幼者谈一些他们感兴趣的事物，让他们相信自己是从他们的立场来观察事物的，让他们能够明白自己也有与他们一样年轻的观念，这样谈话就能顺利地进行下去了。

总之，与人交谈要懂得灵活应变，面对不同身份、地位、年龄和性别的人，应该采用不同的谈话风格，以适应各自的心理特点，这样才能不碰钉子、不失体面，让谈话顺畅地继续下去。

从对方的兴趣入手

美国耶鲁大学的威廉·费尔浦斯教授，是个有名的散文家。他在散文《人类的天性》当中写道：

在我 8 岁的时候，有一次到莉比姑妈家度周末。傍晚时分，

有个中年人慕名来访，但姑妈好像对他很冷淡。他跟姑妈寒暄过一阵之后，便把注意力转向我。那时，我正在玩模型船，而且玩得很专注。他看出我对船只很感兴趣，便滔滔不绝讲了许多有关船只的事，而且讲得十分生动有趣。等他离开之后，我仍意犹未尽，一直向姑妈提起他。姑妈告诉我，他是一位律师，根本不可能对船只感兴趣。"但是，他为什么一直跟我谈船只的事呢？"我问道。

"因为他是个有风度的绅士。他看你对船只感兴趣，为了让你高兴并赢取你的好感，他当然要这么说了。"

可见，谈论别人感兴趣的话题能够很容易拉近人与人之间的距离。不仅可以使人对你产生兴趣，钦佩你，而且可以使自己更关心别人，关心他人对自己的要求。

周爽是个性格爽朗的年轻女孩，还是一位足球爱好者。有一次在去广州的火车上，她的同座是个小伙子，闲来无事，周爽和他侃起来。得知他是位辽宁人，便赞美辽宁人的豪爽，够朋友，她说她有好几位辽宁籍朋友，人特爽快。小伙子自然高兴，自报家门，说他叫李庆，是大连人，并说辽宁人是很讲朋友义气的，粗犷、豪放。而周爽话锋一转，说辽宁人也很团结，特别是大连足球队，虽然每位队员都不是非常出色，但他们团结一致，奋力拼搏，经常取得好的成绩。恰巧李庆是位球迷，两人相谈甚欢，下车后互留了通讯地址。在李庆的介绍下，周爽认识了很多球迷，结交了许多朋友。

在与李庆交谈时，周爽先是从"辽宁人"这个话题入手，然后转到"足球"这个两人都感兴趣的话题上，与对方越谈越投缘。经过一番"神侃"之后，两人很快加深了了解，成为好朋友。

两个人刚见面认识时，不知道对方的性格、爱好、品性如何，往往会陷入难熬的沉默与尴尬之中。这时我们应当主动地在语言上与对方磨合，等找到了对方的兴趣所在，就可以以此作为共同的话题，很快地拉近距离。我们要善于从对方的谈话中发现其兴趣所在，适当地迎合对方，如果发现自己提出的话题对方不了解或者不感兴趣，就要及时转换话题，而不是自己想说什么就说什么。记住一点：每个人都喜欢谈论自己感兴趣的事而不是别人感兴趣的事，只要能够抓住对方的兴趣点，谈话自然很快热络起来。

话说对了，你就赢了

在恰当的时机说正确的话

说话是双方的交流，不是一个人的单方面行为，它要受到各方面条件的制约，如说话对象、周边环境、说话时间等，所以说话要把握时机。如果该说的时候不说，时境转瞬即逝，便失去了成功的机会。同样的，如不顾说话对象的心态，不注意周边的环境气氛，不到说话的火候却急于抢着说，很可能引起对方的误解。如果信口开河，乱说一通，后果就更加严重。所以说话时机掌握好了是相当重要的。

孔子在《论语·季氏》里说："言未及之而言谓之躁，言及之而不言谓之隐，不见颜色而言谓之瞽。"这句话有三层意思：一是不该说话的时候说了，叫做急躁；二是应该说话的时候却不说，叫做隐瞒；三是不看对方的脸色变化，贸然信口开河，叫做闭着眼睛瞎说。这三种毛病都是没有把握说话的时机，没有注意说话的策略和技巧。

没有掌握最恰当的时机说话，不论话的内容有多么精彩，也不会有任何意义，无法使对方接受你的想法。

某学校为两位退休老教师举行欢送会。会上，领导赞扬了两位老师的工作和为人。但是，两相比较之下，其中那位多次获得过"先进"的老教师得到了更多的美誉。这让另外那位老教师感到相当难过，所以在他讲完感谢的话以后，又接着说："说到先进，我这辈子最遗憾的是，我到现在为止一次都没有得过……"这时，另外一位平日里与他不和的青年教师突然开口说："不，不是你不配当先进，是因为我们不好，我们都没有提你的名。"一时间，原本会场上温馨感动的气氛被尴尬所取代。领导看气氛不对，马上接过话说："其实，先进只是一个名义罢了，得没得过先进并不重要，没有评过先进，并不代表你不够先进，我们最重要的还是要看事实……"这位领导本来是想要缓和一下气氛，但是反而使局面更糟糕。

其实，会场的气氛之所以会如此尴尬，最主要的还是退休老教师、青年教师以及领导三人没有掌握好说话的时机。就算自己心里面有多少遗憾，这位退休老教师也不应该在欢送会这样的场合上讲出来。对于那位青年教师，也不应该在这样的场合上为图一时之快，说一些刻薄的话。在场合出现尴尬的时候，领导也应该极力避开这个敏感话题，而不是继续在这个话题上唠叨不休。

所以，说话要注意时机，把握说话时机非常重要。这个过程，我们要在不同的时间、地点、人物面前说合适的话，该说话时才说话，而且要说得体的话。只要我们有充分的耐心，积极进行准备，等待条件成熟，顺理成章地表达自己的观点，不仅能赢得对方的开心，又能令自己舒心。具体来说，可以遵循以下原则：

（1）要看准时机再说话，要有耐心，积极准备，时机到了，才能把该说的话说出来。

（2）沉默是金，并不是说要一味沉默不语，该说话的时候就不要故作深沉。比如，领导遇到尴尬情况了，就需要你站出来为领导打圆场，同事有矛盾了，需要你开口化干戈为玉帛。

（3）别人在说话的时候，不要随意插嘴打断人家的话。

（4）看准时机，说不同的话。这些话都要与当时的场合、时间、人物相吻合。

（5）该说话的时候要说话，因为有时候机会转瞬即逝，错过这个说话的时机，也许以后就不会再有机会了。

常说"谢谢"的人惹人爱

"谢谢"是个美丽的字眼，它是一种深刻的感受，能够增强个人的魅力，开启神奇的力量之门，发掘出无穷的智慧。感恩也像其他受人欢迎的特质一样，是一种习惯和态度。但它却常常被人忽略，生活中很多人或是害羞，或是骄傲冷漠，很少对别人说谢谢，结果被人指责"帮了他的忙，连句'谢谢'都不会说"。

我们在说话办事时，一定要学会感谢别人，无论是对家人、朋友还是同事，"谢谢你""我很感谢"，这些话要经常说。以特别的方式表达你的感谢之意，付出你的时间和心力，这比物质性的礼物更可贵。你可以发挥创意，运用特别的感谢方式。例如，写一张字条给上司，告诉他你多么热爱你的工作，多么感谢工作中获得的机会。这种深具创意的感谢方式，一定会让他注意到你，甚至可能提拔你。感恩是会传染的，上司也同样会以具体的方式表达他的谢意，感谢你所提供的服务。

同样，不要忘了感谢你周围的人：你的丈夫或妻子及工作的伙伴。因为他们了解你，支持你。大声说出你的感谢，经常如此，可以增强家庭的凝聚力。

即使对陌生人，也要时常说"谢谢"。无论你走到哪一家公司，如果你能够对为你服务的女职员说一声"谢谢"，她一定会打心里感激你的，其实这也是基本的礼貌。反过来说，如果她的这种工作被人漠视，或者被认为是应该如此做的话，她一定感觉

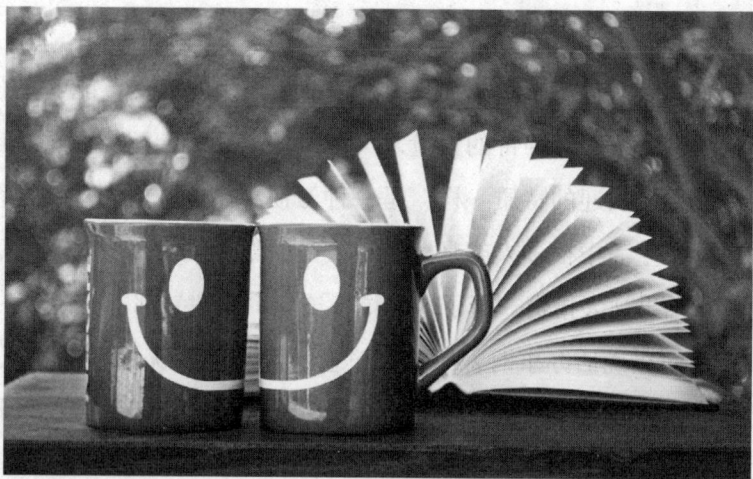

不舒服。关于这件事，你只要改变一下自己的立场就不难明白了。因此，我们最好尽可能地向对方说"谢谢您"之类的感激之语，以便给彼此的人际关系带来良好的效果。而说这种感激之语时，还应该注意：

语调必须清晰

说"谢谢您"时，切勿以极小的声音说出。这么一来，对方会以为他为你做的事是不值得感谢的，你只是碍于情面而给他一声谢谢而已。因而，当你表示感谢对方时，必须清晰、愉快地说出来。

最好指名

当你欲对某人说谢谢时，最好先称呼对方的大名，然后表示你的感激之情。例如，"玛丽小姐，非常感谢您！"如果你欲向几位人士同时表示谢意的话，则最好不要说"谢谢大家！"而必须一位一位地称呼他们的名字，然后道谢。例如，"琼斯先生，非常感谢你"，"切尔西小姐，非常感谢你"等。

必须看着对方

如果你以冷漠的态度说谢谢的话，势必给对方留下恶劣的印象。而人们在互相注视的时候，交流通常比较容易进行。所以，表达你的感激的时候，最好是专注地注视对方，这样你的话才显得是出于真心，你的感情才显得真挚。

最好在对方未期待之时说"谢谢您"

"谢谢您"这三个字，即使对方已期待着你这么说，仍是有它的效果的。然而最富有效果的是，在对方丝毫没有心理准备时，说出这一句话，这样效果是非常大的。

要有具体所指

如果你一个劲地握住别人的手说"谢谢"，别人却不知所以然，那是因为你的感激显得空洞无物。所以，在你说谢谢的时候，一定要具体说出对方在哪一方面帮助了你。如："我真的非常感谢您为我介绍了不少客户。"

付诸行动

表达感激之情有很多方式，可以说也可以做，例如送一份礼物，并附上一张便笺，写上感谢的话，礼物不需要太贵重，精致美观而又能表现出诚意的礼物最好。同样也可以请对方吃饭，更有助于增进感情。

俗话说："助人为乐"，每个人在听到别人对他说"谢谢"时心中一定是愉快的，我们要学会时常对别人说谢谢，找机会对别人说谢谢，这既是一种礼貌谦虚的态度，也是拉近人与人之间关系的法宝。

用好"对不起"之外的道歉语言

道歉的语言技巧很多，会道歉的人不但能使自己获得对方的谅解，而且可以保全自己的面子，保护自己的形象。但是，如果致歉的方式不妥或者表达不当的话，不但会使自己颜面扫地，而且会使对方更愤怒。因而，这种发自内心的愧疚并不是"对不起"这三个字就能完全表达的，它还需要我们针对不同的情况，运用不同的技巧。

幽默的道歉

在某些场合，由于不小心的失误或言语不当，常常会给对方造成尴尬的情况，在这时，如能采用风趣幽默的方式进行道歉，则可以使别人感受到这份歉意，从而可以谅解你，从下面的例子便可以看出这点。

有一次，费新我先生在家中对客挥毫，写孟浩然的《过故人庄》，当写到"开轩面场圃，把酒话桑麻"一句，不留神漏掉了一个"话"字，旁观者窃窃私语，皆有惋惜之情。费老这天喝了一点酒，而酒后容易失话（言），于是费老拍拍脑袋连声说："酒后失话，酒后失话！"并在诗尾用小字补写了这四个字，以示阙如。费老的一句话情趣盎然，使气氛为之一变，在场的人都拊掌称妙，赞不绝口。

费老先生在乘兴挥毫之时不留神落了一个字，未免让人觉得可惜，然而他灵机一动，以"酒后失话"为由为自己辩解，一语双关，情趣顿生，不仅表达了歉意，弥补了缺陷，还为这幅墨宝带来了一段趣话。

别致的道歉

直接道歉，在某些情况下可能会使自己和对方都产生尴尬，造成不太好的局面，但如采用巧妙别致的方式道歉，可以使对方在惊讶感动之余，不计前嫌，欣然接受。

赞美的道歉

一般说来，在道歉时责备自己大家能做到，但是却常常忘了称赞对方几句。其实，赞美法是道歉的一个好方法。

在道歉的时候，称赞对方，让对方获得一种自我满足感，知道自己是正确的，别人是错误的，这样能轻而易举地获得对方的谅解。

例如，当你用言语伤害了同一单位一位平常挺关心你的同事之后，你向他道歉，话可以这样说："我早就想给你做检讨，当年咱俩一块儿到单位，你对我一直很关心，像个老大哥似的，后来只怪我不懂事，做了些不恰当的事……""当初说的一些话是我不对，知道你宽宏大量，一定能原谅我的过错。"

我们都要学会用好"对不起"之外的道歉语言，以保证我们在错误面前不失礼于人。

不当面纠正他人的错误

生活中有一类人，他们反应快、口才好、心思灵敏，在生活或工作中和人有利益或意见的冲突时，往往能充分发挥辩才，把对方辩得脸红脖子粗，哑口无言。其实口头上的赢不能叫赢，与人针锋相对，处处抬杠，无论你说得多么精彩，多么富有哲理，也很难让对方心服口服、甘拜下风，而且你的形象也在这些无谓的争执中大受影响。即使你胜了，其实也败了。

而且那种时时争取口头上胜利的人，渐渐地会形成一种习惯：不管自己有理无理，一要用到嘴巴，他绝不会认输。这样的坏习惯对他的形象和人际关系都是种巨大的损害。

毫无意义的争论能给当事人带来什么呢？答案是什么都没有，你会失去一位朋友或顾客，收获一个敌人和愤怒的心情，而且不会有人因此而大赞你知识渊博与能言善辩，因为真正能言善辩的人懂得如何让人心悦诚服。"会说话"而不是"会吵架"的人才是说话高手。

在一次宴会上，卡耐基左边的一个先生讲了一个幽默故事，然后在结尾的时候引用了一句话，那位先生还特意指出这是《圣经》上说的。卡耐基一听就知道他错了。他看过这句话，然而不是在《圣经》上，而是在莎士比亚的书中，他前几天还翻阅过，他敢肯定这位先生一定是搞错了。于是他纠正那位先生说，这句话是出自莎士比亚的书。

"什么？出自莎士比亚的书？不可能！绝对不可能！先生你一定弄错了，我前几天才特意翻了《圣经》的那一段，我敢打赌，我说的是正确的，一定是出自《圣经》！如果你不相信，我可以把那一段背出来让你听听，怎么样？"那位先生听了卡耐基的反驳，马上说了一大堆话。

卡耐基正想继续反驳，忽然想起自己的老友——维克多·里诺在右边坐着。维克多·里诺是研究莎士比亚的专家，卡耐基想他一定会证明自己的话是对的，于是转向他说："维克多，你说说，是不是莎士比亚说的这句话。"维克多盯着卡耐基说："戴尔，是你搞错了，这位先生是正确的，《圣经》上确实有这句话。"随即，卡耐基感到维克多在桌下踢了自己一脚。他大惑不解，但出于礼貌，他向那位先生道了歉。

回家的路上，满腹疑问的卡耐基埋怨维克多："你明知那本来就是莎士比亚说的，你还帮着他说话，真不够朋友。还让我不得不向他道歉，真是颠倒黑白了。"维克多一听，笑了："《李尔王》第二幕第一场上有这句话。但是我亲爱的戴尔，我们只是参加宴会的客人，而且你知道吗，那个人也是一位有名的学者，为什么要我去证明他是错的？你以为证明了你是对的，那些人和那位先生会喜欢你，认为你学识渊博吗？不，绝不会。为什么不保留他的颜面呢？为什么要让他下不了台呢？他并不需要你的意见，为什么要和他抬杠？记住，永远不要和别人正面冲突。"

只要我们稍微冷静地想一想，就会发现大多争论的结果是，没有一个人是胜利者。争论既不能为双方带来快乐，也不能带来彼此间的尊重和理解，更不能证明谁是真理的掌握者。争论所能带给我们的只是心理上的烦躁、彼此的怨恨与误解，甚至让你多一个敌人。

争吵发生的时候，骤然升温的情绪之火灼烧你的头脑，使你烦闷、愤怒，甚至想与对方硬拼一场。对方的强词夺理、唾沫横飞令你愤恨不已，而在对方眼里，你又何尝不是同样可恶的形象？当不断升温的情绪之火达到足以烧毁你仅存的一点理智的时候，一股难以抑制的仇恨之火便由心底升起。这就足以解释为什么口角之争会发展到大动干戈的地步。然而这种以为打口水仗能赢利的人，显然是大错特错了，因为一场毫无意义的争论并不能让他人从心底里佩服你。上升的级别越高、争论的时间越长，越会伤害彼此，最后还会以一败涂地而告终。

所谓"口服心不服"，口头上的胜利也许有一时之快，却往往招致别人长时间的不满，聪明人不会去做这样得不偿失的事，嘴上"软"一点，就能多一个朋友。

图书在版编目 (CIP) 数据

形象：如何在不知不觉中改变你的人生 / 桑楚主编
. — 北京：中国华侨出版社，2017.10（2019.1 重印）
ISBN 978-7-5113-7033-4

Ⅰ.①形⋯ Ⅱ.①桑⋯ Ⅲ.①个人—形象—设计
Ⅳ.① B834.3

中国版本图书馆 CIP 数据核字（2017）第 218999 号

形象：如何在不知不觉中改变你的人生

主　　编：桑　楚
出 版 人：刘凤珍
责任编辑：滕　森
封面设计：李艾红
文字编辑：于海娣　贾　娟
美术编辑：李丹丹
图片提供：东方 IC
经　　销：新华书店
开　　本：880mm×1230mm　1/32　印张：8　字数：230 千字
印　　刷：三河市华成印务有限公司
版　　次：2017 年 10 月第 1 版　2021 年 7 月第 6 次印刷
书　　号：ISBN 978-7-5113-7033-4
定　　价：36.00 元

中国华侨出版社　北京市朝阳区西坝河东里 77 号楼底商 5 号
邮　编：100028
法律顾问：陈鹰律师事务所
发 行 部：（010）58815874　　传　真：（010）58815857

如果发现印装质量问题，影响阅读，请与印刷厂联系调换。